庆王府大修实录

天津市国土资源和房屋管理局
天津市历史风貌建筑整理有限责任公司　编著

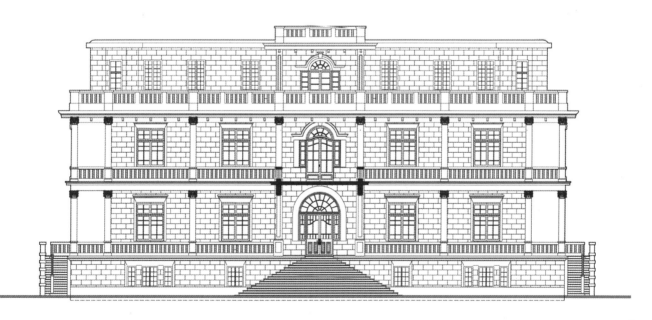

天津大学出版社
TIANJIN UNIVERSITY PRESS

图书在版编目（CIP）数据

庆王府大修实录 / 天津市国土资源和房屋管理局，
天津市历史风貌建筑整理有限责任公司编著 . —天津：
天津大学出版社，2014.9
ISBN 978-7-5618-5205-7

Ⅰ . ①庆… Ⅱ . ①天… ②天… Ⅲ . ①古建筑—文物
修整—概况—天津市 Ⅳ . ① TU-87

中国版本图书馆 CIP 数据核字 (2014) 第 229809 号

策划编辑　金　磊　韩振平
责任编辑　郭　颖
装帧设计　魏　彬　刘　浩　蒋东明　刘晓姗 等

出版发行　天津大学出版社
出 版 人　杨欢
地　　址　天津市卫津路 92 号天津大学内（邮编：300072）
电　　话　发行部 022-27403647
网　　址　publish.tju.edu.cn
印　　刷　北京华联印刷有限公司
经　　销　全国各地新华书店
开　　本　210mm×285mm
印　　张　16
字　　数　404 千字
版　　次　2014 年 10 月第 1 版
印　　次　2014 年 10 月第 1 次
定　　价　165.00 元

《庆王府大修实录》编纂委员会

编委会主任　刘子利
编委会副主任　路　红
编委会委员　洪再生　徐连和　冯　军　孙　超　杨大为　张　威　莫仁杰
　　　　　　傅建华　张俊东　杨　訢　郭鸣崇

主　　　　编　路　红　冯　军
执 行 主 编　李　巍
执行副主编　吴　猛　段君礼
撰　　　　文　焦　娜　甄承启　朱一航　朱　虹　肖　娴　孙　磊　张金丹
　　　　　　颜　亮　王　君　张　鹏　宋　雪　崔德鑫　韩宏伟　宋华未
　　　　　　耿晗喆　柳泉安　张　键　傅　强　季文卓　沈　洋　徐　鹏
资 料 提 供　金婉茹　溥　铮　罗澍伟　方兆麟　张文清　韩德信　唐连蒙
　　　　　　朱建华　张　明
摄　　　　影　何　方　何　易
测 绘 图 纸　天津大学建筑学院

序 言

天津市国土资源和房屋管理局巡视员
天津市历史风貌建筑保护专家咨询委员会主任

路 红

庆王府位于和平区重庆道55号，地处天津历史风貌建筑最集中的"五大道历史文化风貌保护区"，是天津市文物保护单位和特殊保护等级的历史风貌建筑。

作为五大道地区建成年代较早的私人宅邸，庆王府曾是原英租界内住宅之冠，历经90多年风云变幻，至今仍是众多历史风貌建筑中最为壮观、最引人注目的独立式住宅。庆王府始建于1922年，占地4327m²，建筑面积为5922m²，由清朝最后一任太监大总管小德张亲自设计并督建，历时一年，于1923年建成。1925年，最后一位"铁帽子王"庆亲王载振举家迁居天津，买下了小德张的这座宅院，并在这里度过了晚年的寓公生活。于是，这座宅院便得名"庆王府"。

20世纪20年代正是中国社会急剧动荡的年代。清政府谢幕后，各种变革思潮、文化思潮乃至政权斗争风起云涌，北京俨然成为了一个大舞台，各种角色你方唱罢我登场。于是交通便利、安全稳定的天津就成为大后台，随时接纳各种歇场的旧角色，随时准备迎接新角色粉墨登场。种种机缘使得天津的经济、文化繁荣发展，下野政客、达官贵人集聚。小德张和庆亲王载振选择当时天津的英租界作为安度余生之地，也是顺势而为。

而这两位晚清遗老在府邸的建筑、室内装修上的选择，则折射了当时西风东渐、中西合璧的时尚风气，也反映了厚重的中国传统文化积淀和对昔日繁华的不舍。这种结合，使得庆王府的建筑风格杂糅了中西文化，形成了独特的风格。

庆王府的总体布局打破了中国传统的房子围合院子的合院式住宅布局，但也不是西方花园包围房子的方式，而是采用花园与住宅并立，再用高围墙、附房圈住花园和主楼，既有西方花园别墅之韵，又有中式合院住宅之神。

庆王府主楼地上3层、地下1层，其设计更是体现了中西文化和设计观念的交汇。建筑布局采用对称的方式，以仿希腊古典柱式的围廊、主要房间和内庭层层递进，体现了当时盛行的西方古典主义风格。其房间布局则体现了当时西方生活方式的浸染：地下一层为锅炉房、仓库、厨房等，地上一层为会客、聚餐、交谊等公共空间，二层为私密性较强的小

家庭会客室和卧房，三层为供奉祖先的影堂、露台。

庆王府的建造材料、建造技术和室内装饰等，无一不体现了中西文化的交融。主楼墙体用中式青砖砌筑，外饰面为引自西方的水刷石，外廊、内廊高耸的立柱均采用仿希腊、罗马古典柱式，中间连接体栏杆则缀以蓝、绿、黄三色中国传统琉璃立柱。登上小德张精心设计的17级半台阶走入室内，满眼尽是中国传统风格的室内装饰。引自西方的彩色水晶玻璃雕刻着中国传统的梅兰竹菊和山水画，仿佛可以窥见旧时主人对于传统生活方式和价值观念的信仰和执着。

当年小德张自清宫隐退，携带巨额家财回到天津，选在刚刚规划完成的英租界扩展界购地建宅，可见其"避世幽居，安享天年"的渴望。建房时，小德张特意将地基打得深厚，室内装饰也处处体现着多福多寿、吉祥完满的祈愿。庆亲王载振购得此楼后，除在原有二楼的基础上加建一层作为供奉祖先的影堂使用外，未做其他改动，就连刻画有小德张"伴琴主人"雅号的彩雕玻璃也一并沿用下来，足见其对小德张建筑思想的认同和喜爱。

2010年，天津市历史风貌建筑整理有限责任公司依据《天津市历史风貌建筑保护条例》，按照"保护优先、合理利用、修旧如故、安全适用、有机更新"的原则开展了庆王府建筑的整理工作，整理的过程中，注重可逆、可识别和最小干预，很好地保持和恢复了原有建筑风貌，适当增加了现代使用功能，提升了建筑的安全性、舒适性；通过对建筑历史、人文信息的挖掘和整理，增设了展览馆，通过对社会的开放，发挥了传播城市历史文化的载体和平台作用；重新确定的使用功能则充分考虑了建筑的历史沿革和周边环境，有利于增加历史街区的整体活力。庆王府的整理为天津历史风貌建筑保护与利用工作积累了宝贵的经验，在天津的建筑文化遗产保护史上具有里程碑式的意义。

本书在编写过程中得到了单霁翔、谢辰生、吴延龙、刘景樑、陈同滨、徐苹芳、荆其敏、詹德华、张家臣、夏青、赵晴的帮助与指导，在此致以诚挚的谢意。

研究篇
Research

技术篇
Engineering

庆王府一角

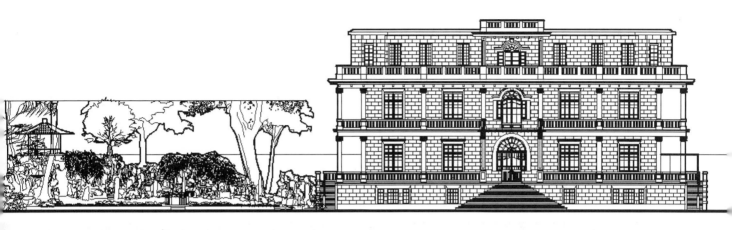

研 究 篇

Research

　　庆王府始建于1922年，为清末太监大总管小德张亲自设计督建的私宅，在原英租界被列为华人楼房之冠。后被清室第四代庆亲王载振购得，并举家居住于此，因而得名"庆王府"。

　　Qing Wang Fu historical mansion was built in 1922 as a private residence designed and inspected by a Head Eunuch named Xiao Dezhang in late Qing Dynasty. It was the most prominent Chinese building in the original British Concession. After the property changed ownership and became the home of the fourth generation Prince Qing, it was named Qing Wang Fu or Prince Qing's Residence.

第一章 庆王府概况

第一节 庆王府始建时期基本概况

庆王府，位于天津市和平区重庆道（原英租界剑桥道）55号，始建于1922年，地处天津市历史风貌建筑最集中的"五大道历史文化街区"的核心地带。此楼原为清末太监大总管小德张（张兰德）亲自设计、督建的私宅，在原英租界被列为华人楼房之冠。1925年，清室第四代庆亲王载振从小德张手中购得此楼，举家迁入并在此居住了20余年，此楼因而得名"庆王府"。

一、庆王府始建时期的社会背景

20世纪二三十年代的中国社会，恰值辛亥革命以后，新旧政权交替，华洋并处，是中国政治、经济和社会变革最为激烈、最为动荡的时期，亦是成为英、法、美、德、意、俄、日、奥匈帝国和比利时等九国租界的天津成长最为迅速、最为辉煌的时期，而处于五大道地区的"小洋楼"正是在此时期内形成的。因此，庆王府建造时的社会历史背景与五大道地区形成时期的历史背景和人文背景密不可分。

第一，辛亥革命以后，北京的皇亲国戚、遗老遗少在政治上失去了依托，经济上也出现了不稳定感，但手中仍保有一定的财富，因此，寄身于离北京不远的天津租界舒适的新建区，求得租界当局的庇护，便成了他们不得已而为之的选择。清宫太监大总管小德张、庆亲王载振也在此列之中，他们都选择在天津租界居住以求安稳。

第二，当时中华民国政府虽然取代了清王朝的统治，但政权却落到一批不同派系的军阀武夫手里，这些人完全没有治国平天下的资质与能力，整天争权夺利，相互倾轧，战火连绵不断，权力更替频繁，一时间造成中国政治重心

溥仪初来天津时居住的张园

20世纪30年代天津法、日租界交界处实行戒严

20世纪30年代英租界街景

1919年维多利亚花园利亚道街景

失落，形成了"乱哄哄，你方唱罢我登场"的时局。天津，特别是其租界区具有特殊的政治地位，与首都北京近在咫尺，很自然地成为了北京的"政治后院"。这样一批靠枪杆子起家的民国新贵，带着大量掠夺来的财富，涌入五大道地区的"小洋楼"，他们在这里不断地窥测方向，希望有机会再求一逞。五大道地区以其动乱中的幽深和宁静，成为接纳这批人的最佳载体。

第三，20世纪二三十年代，天津作为中国北方最大的工商业和港口贸易城市进入了辉煌发展的阶段，工业、商业、金融业、对外贸易等蒸蒸日上，为那些有经营才干的实业家、银行家和高级知识分子提供了广阔发展的空间，造就了一批新的城市财富拥有者。他们大都具有雄厚的财力，需要营造舒适、典雅、现代的居住环境。

第四，更有大批服务于此种职场的白领阶层及城市中新兴的中产阶级，也需要选择适合自己居住水平的生活空间。而新规划建设的五大道地区，其建筑理念和居住模式，恰恰能够满足这样一批不同档次居住者的不同需求，吸引他们的住房资金，是顺理成章的事情。

正是这些复杂的政治、经济、文化、社会等原因，使地处天津原英租界的五大道地区，成为了进行完整规划和精心设计，并得到华人中特殊人群的大量投入而建成的中国北方最大且堪称典范的现代居住区。也正是基于这样的背景，小德张建造的这座豪宅得以屹立在五大道地区。

二、庆王府的建筑特色

在20世纪初，天津已由最初的通商口岸发展为九国租界的特殊社会形态。由于九国租界的建设与发展，天津租界建筑呈现出前所未有的多样性、丰富性和复杂性。其中，五大道地区的"小洋楼"的建筑形式，大致可分为花园别墅、联体住宅、公寓楼和里弄。花园别墅，又称花园

庆王府17级半台阶

庆王府侧面全景

洋房，是五大道地区的别墅式住宅，也是五大道地区数量最多和最具代表性的建筑，档次高低不等，规模大小不一。这些体现西方不同建筑风格的各式"小洋楼"，以其修长合理的空间尺度、形态各异的立面装修、花木掩映的深深庭院、严实密闭的特色围墙，构成了五大道地区奇特的一景。这种花园别墅特有的安全感与私密性，显然是那个时代房屋主人所必需的，而建筑样式的千变万化和浓郁的异国情调，又满足了他们对外来文化的好奇与欣赏。时至今日，这些花园别墅使天津成为当之无愧的"万国建筑博览会"，甚至成为了"天津小洋楼"精准的代名词。

这些按照西洋风格建造的"小洋楼"来到五大道地区，都会不知不觉地发生变化，因为这些"小洋楼"绝大部分由中国人居住，必须符合中国人的居住习惯和审美标准。因此，建筑师们不再严格遵循西洋的建筑风格和设计规范，而是遵照"小洋楼"主人的口味与习惯，进行或多或少的改造和创新，甚至是中西合璧。

庆王府是当时中西合璧建筑的典型，占地 4327m²，建筑面积为 5922m²，是砖木结构 2 层（局部 3 层且设有地下室）内天井围合式建筑，墙体用中式青砖砌筑，水刷石外檐，中式的琉璃柱过道，宽阔回廊和高耸的立柱环绕四周，西式的拉丝、彩绘玻璃和葡萄吊灯等细节元素点缀其中，一处处中西合璧的建筑元素随处可见。两层外檐均设通畅柱廊，建筑形体简洁明快。室内设有共享大厅，大气、开敞，适应当时的西化生活。水刷石墙面与中国传统琉璃栏杆交相辉映，并且拥有五大道地区为数不多的中西合璧式大型园林。

庆王府主楼前厅处的彩绘玻璃上刻有"壬戌仲秋伴琴主人"，其中的山水图画为小德张亲手所绘，他刻上自己的雅号，并将"人"字多出两撇以作标识。后经考证，玻璃上所刻"壬戌"为 1922 年，由此推断庆王府的始建时期应为 1922 年。

因此，庆王府的整体建筑特色，反映了 20 世纪二三十年代的天津租界地区特别是五大道地区的主流建筑特色，折射出特殊时代下天津的社会历史面貌。

英租界扩展界内的建筑

英租界内街道

庆王府主楼中庭拉丝玻璃

庆王府主楼外廊柱子

庆王府主楼中庭彩绘玻璃

庆王府"壬戌仲秋伴琴主人"彩绘玻璃

第二节 庆王府的历史变迁与建筑风格

一、庆王府的历史变迁

在近百年的岁月中，庆王府历经了数次更迭与变迁。欧洲风韵的列柱回廊赫然保留着"西风东渐"的独特印记，工艺精湛的雕梁画栋却流露出东方血统的审美坚持。中国最后一位太监大总管立誓打下世上最坚固的地基，想要借此成就他的不朽；怀"财"不遇的庆亲王无望于仕途，只能在高墙深院中寄情于戏曲花鸟；"中苏友好协会"，这个在新中国成立第四天便写就的名字，已从彼时的家喻户晓变成今天的鲜有人知。

如今，这一切都已经成为历史，而历史的印痕早已渗入这栋建筑的脊梁里、骨髓中，再也不能拭去。

（一）1922—1923 年

1922 年，一位神秘的人物在原英租界剑桥道，也就

张祥斋（小德张）　　　　身着戏服的小德张（左）

故宫延禧宫全景

是现在的重庆道上购得一块地皮，开始大兴土木，一年多后，一座恢宏气派的宅邸拔地而起，成为当时英租界扩展界里最富丽堂皇的建筑。建造这座宅邸的人便是原清宫太监大总管小德张。清王朝覆灭后，携金带银的小德张来天津隐居，他将所有的聪明才智和大笔的财富都给予了这座建筑，造就了传世之作。

小德张（1876—1957），原名张祥斋，字云亭，以清内宫排列"兰"字，序名张兰德，宫号"小德张"，直隶静海（现天津市静海县）人，清宫最后一任太监大总管。

在宫中任职时，小德张不仅为人机敏，从善如流，而且表现出在建筑方面的天赋，曾为隆裕皇太后主持建造灵沼轩（俗称"水晶宫"）。

1913 年，隆裕太后去世后，小德张携大量资财和家人、奴仆来到天津。1922 年，他在原英租界剑桥道（现重庆道 55 号）新建豪宅。这栋中西合璧的建筑由小德张亲自绘图，精心构思，不惜工本，选料优质，高垣巨闾，气势雄伟，工程之大，造型之美，在原英租界被列为华人楼房之冠。

后来，他将这所宅院转让给庆亲王载振，又先后居住在郑州道旧居和睦南道金林村 4 号小楼。到了晚年，小德张的家境逐渐衰落，他于 1957 年在天津病逝。

（二）1925—1947 年

1925 年，庆亲王载振来到天津，从小德张手中买下了这幢刚刚建成两年的宅邸，举家迁入。自此，这座府邸便得名"庆王府"。购得此楼后，载振除在原有建筑基础上加盖 1 层作为祖先堂之外，其余部分没有做太大改动，几乎可以说是全盘接受了小德张的建筑思想，就连刻有小德张雅号"伴琴主人"四字的彩绘玻璃也一并沿用下来，足见他对小德张所建造的这座宅院的认可和喜爱。载振在此度过了他的晚年，直至 1947 年去世。

载振（1876—1947），姓爱新觉罗，字育周。清皇族宗室，庆亲王奕劻长子，封贝子爵位，历任镶蓝旗汉军都统、御前大臣、正红旗总族长等职。光绪三十二年（1906 年）颁布立宪，改革官制，载振又任农工商部尚书要职。1917 年，奕劻去世，根据《关于清皇室待遇之条件》，黎元洪颁发总统令，载振承袭庆亲王，遂成为名副其实的末代亲王。

载振先后三次作为清廷专使出国，考察、了解欧美和日本的社会文化。

庆王府主楼中庭

身着朝服的奕劻

载振

1902年，载振作为头等专使大臣，赴英参加英皇爱德华七世的加冕典礼，并访问了比、法、美、日诸国。在出使各国期间，载振会见各国军、政界要员，了解各国的商务、学校、议院、工艺、规章制度等情况，达到了沟通中西的目的，是一次认识西方的全新之旅。载振此次周游列国不但大开了眼界，也为其赢得了很大声誉，并受到慈禧太后的赞赏。

载振赴英、比、法、美、日五国考察归来，两次获慈禧太后召见，他面陈发展商务的迫切性，建议设立商部。1903年，清廷发布振兴商业上谕，在中央设立商部。载振出任第一任商部尚书，自此，开始了他振兴商业、发展商务的历史征程。在少壮派载振的领导下，商部用人打破常规，讲求个人真才实学，招揽了一批留学生，为商部增添了活力。同年，载振率团赴日本大阪考察第五届劝业博览会，这是载振第二次出访日本。中国当时参展的只有江苏、湖北、湖南、山东、四川和福建六省，参展的商品大多以手工业品和农产品为主，近代机器工业还极其落后，但这毕竟是晚清时期的中国在经济领域主动走向世界、展示自己的一小步。

1910年，英皇爱德华七世逝世，其子乔治五世继承王位，清政府决定派专使载振前往祝贺，并派巡洋舰统领程璧光率海圻号巡洋舰一同前往，其规格之高，兴办之隆，在清朝外交史上是绝无仅有的。在典礼期间，乔治五世国王偕玛丽王后在海军大臣的陪同下检阅各国舰队，中国专使载振和程璧光应邀陪国王乘坐同一艘游艇观舰。检阅完毕后，乔治五世国王及王后接见了率舰赴英参加舰队校阅的中国海军统领程璧光，并

《东方杂志》第八卷第四号关于英皇爱德华　华尔道夫饭店
七世加冕典礼的报道

1904年德国太子访华

载洵、载涛、载沣、载振、那桐、瞿鸿机、袁世凯等人与日、俄、德军官合影

载振出访时所乘的海圻号巡洋舰

载振（左二）与家人合影，摄于北京庆王府

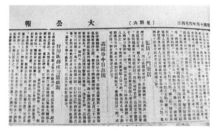

《大公报》"载振贝子天津筑居"的报道

向其颁赠"加冕银牌"。

1925年，载振携家眷子女迁居天津，过起了寓公生活。他善于交友，广结名流，还投资天津的现代商业，如劝业场、交通旅馆、渤海大楼等。

1935年，载振在劝业场六楼"天外天"举办了他的60大寿庆典。席间，宴请亲朋宾客200多人，并请了著名京剧演员谭富英、杨小楼、尚小云等演出助兴。

自清帝逊位后，载振远离政治，历经民国政府、军阀混战、国民党南京政府、日伪统治时期均未出山。1947年夏天，载振在一张合影上写到"人生若梦，往事如烟，花

1928年12月1日《北洋画报》刊登的天津劝业场、交通旅馆的广告

载振府内女眷在其60大寿上的合影

高星桥等人在载振60大寿上的合影

有载振题写的诗词的合影

残叶落，别易见难，循环有数，了却凤缘，天空地阔，渺渺茫茫"，寄托了对已阴阳两隔的三位福晋的无限追思。同年，他自己也离开了人世。

（三）1949 年至今

新中国成立后，这座昔日的王府先后成为中苏友好协会天津分会、中国人民保卫世界和平委员会天津分会、天津市人民对外友好协会、天津市对外经济贸易委员会、天津市商务委员会和天津市人民政府外事办公室的办公场所。1991 年，庆王府成为天津市文物保护单位。2005 年，庆王府被确定为天津市特殊保护等级的历史风貌建筑。

庆王府作为中苏友好协会天津分会所在地期间，经常举办各种活动，有合唱团、俄文补习班、跳舞晚会、周末电影等，非常热闹，当年很多人都在这里参加过活动，如天津市首任市长黄敬，先后担任天津市人民政府外侨事务处处长的著名外交家黄华、章文晋、曹克强等；著名歌唱家李光曦当年还曾是中苏友协所办的海河合唱团的成员。

著名作家方纪，曾于 1950 年至 1958 年在庆王府居住，当年中苏友好协会天津分会的牌子是方纪请郭沫若先生题写的。那时方纪担任中苏友好协会天津分会总干事、天津市文化局局长。方纪在此居住期间，是他文学创作最旺盛的时期，很多文艺界的艺术家和著名作家如陈荒煤、郭小

成为中苏友好协会天津分会时期的庆王府牌匾

川、徐迟、冯牧、贺敬之、李霁野、孙犁、梁斌、周良沛等都来过这里。方纪在这个院子里曾写过三篇小说，分别是《来访者》《园中》和《开会前》，其中《来访者》在 20 世纪 80 年代初被英国汉学家评为"中国为数不多的可以传世的文学作品"。他在这里写下了长诗《不尽长江滚滚来》和《大河东去》以及若干散文，其中，最脍炙人口的文学作品就是曾被选入中学教材的散文《挥手之间》，在全国有很大影响。

1968 年，天津市人民政府外事办公室迁入庆王府并在此办公 40 余年，为庆王府建筑的保护做出了重要贡献。天津市人民政府外事办公室是市政府外事工作的职能部门，同时是市委领导和开展外事工作的办事机构，在天津外事工作 60 余年的历史中，这里走出了多位我国外交战线的杰出领导人。

2010 年 6 月，按照天津市委、市政府"保护历史风貌建筑，传承城市历史文脉"的部署，依照天津市国土资源和房屋管理局的工作安排，天津市历史风貌建筑整理有限责任公司（以下简称风貌整理公司）依据"保护优先、合理利用、修旧如故、安全适用、有机更新"的原则，开展了庆王府整修工作。在天津市国土资源和房屋管理局的带领下，风貌整理公司与天津大学、南开大学、同济大学、天津住宅集团、CCA、SURV、Rockefeller 等 40 余个团队，通过近一年的努力，完成了庆王府的整修工作。

成为天津市人民政府外事办公室时期的庆王府

二、庆王府的建筑风格

20世纪二三十年代，正值中国社会急剧变化的时期，新旧政权交替，中西文化交融。而天津既濒临渤海，又是贯穿中国南北的大运河与海河的交汇点，"地当九河津要，路通七省舟车"，历来为南北海陆交通的枢纽。特别是天津在成为中国北方最早和最大的沿海开放城市后，中西文化在这里直接撞击，经过不断的调试与磨合，造成了天津城市独特的成长模式——一种因南北交融、东西荟萃而逐渐形成的开放、包容、多元的文化，在天津得到发展和壮大。

从一定意义上说，正是有了这种极具先进性的特色文化，才能够使传统天津蕴藏的经济火花，点燃起近代天津的发展之火，世界上先进的科学技术和思想、文化才得以通过天津这个窗口和跳板传输到中国来。正是有了这样先进的文化基础，有了这样先进的文化构建的平台，天津才有可能在不到半个世纪的时间内，由一个府县城池，快速演变为中国推行近代化的北方中心。传统与现代在城市里兼容并蓄，和谐地构成了天津特有的城市意蕴与风格。这一切标志着近百年前的天津，已是一个凸现了文化先进性的城市。

值得一提的是，中国传统社会的各种运行机制，包括政治、军事、司法、教育等方面已开始在天津发生变化，中国人已经能够在这里感受到世界文化跳动的脉搏，用积极的态度吸取先进的精神文化，取代那些已不适应世界潮流的腐朽文明，在那时的天津是不可避免的。

1918年郭天祥机器厂

20世纪40年代西式集体婚礼

1904年建成的天津考工厂

20世纪40年代天津举行的秋季运动会

作为天津近代城市文化发展沿革的典型代表，五大道地区建筑群汇聚着20世纪二三十年代，代表东、西方文化特色的各式历史风貌建筑。这些"小洋楼"，记录了近代天津的历史，积淀了丰厚的文化，是历史留给天津的一份宝贵财富，而中西交融的时代特征也铸就了特殊时代背景下中西合璧的建筑特征。

20世纪初至20世纪40年代，正值五大道地区成为高端居住区域的黄金时期，下野政客、清廷遗老遗少、军阀买办纷纷涌来置地建房。庆王府作为这一时期五大道地区"小洋楼"的代表，无疑是天津租界建筑在这一时期所具有的时代特征的典型载体。

第一，中庭二层回廊的栏杆，由196根黄、绿、蓝三色的六棱琉璃柱围合而成，彰显了建筑华丽的中式宫廷元素。

第二，西式的彩绘玻璃配以中式的山水花鸟，体现出中西合璧的建筑特色。

第三，两盏据说来自德国的葡萄造型吊灯从楼顶垂下，依然流光溢彩、魅力十足。

第四，中庭二层回廊的墙壁上，建筑始建时的铜

天津工商学院

20世纪20年代天津电报总局

制消防龙头格外引人注目。这一"20世纪初先进的消防设施",在当时的租界地住宅中也实属罕见。

第五,主楼二层载振三子溥铨卧房,墙体的彩绘有幸留存,用中式的图案配以西式的装饰手法,足见当年建筑的独特性。

第六,主楼中庭回廊和楼梯顶部,发现原有的藻井花饰彩绘。

第七,位于主楼三层东西两侧房间的双面透雕楠木落地罩和垂楣罩,设计考究,做工精湛,其独特的构思、复杂的工艺及对中国祈福文化的彰显,实属罕见,堪称瑰宝。

第八,庆王府还拥有五大道地区为数不多的中西合璧式大型园林,这里既有典型中国江南园林造型的山石,又有西洋风格的水法,树种也兼具中西,既体现了小德张从皇宫内积累起的对建筑的独到理解,又融入了载振曾为清朝商业大臣的宽阔视野。

庆王府二层琉璃廊柱

庆王府主楼过厅彩绘玻璃

庆王府主楼中庭葡萄吊灯

庆王府楼内老消防栓

庆王府二层墙体彩绘

庆王府三层楠木垂楣罩

庆王府楼梯间藻井花饰彩绘

庆王府三层楠木落地罩

第三节 庆王府区位及人文环境概况

庆王府，位于重庆道55号，地处天津市的政治、商贸、金融、教育、医疗卫生中心——和平区腹地，坐落于天津市历史风貌建筑最集中的"五大道历史文化街区"的核心地带。

2006年3月国务院批准的天津市城市总体规划的历史文化名城规划中，"五大道历史文化街区"被确定为十四个历史文化风貌保护区之一，主要指和平区成都道以南，马场道以北，西康路以东，南京路以西的长方形地区内，包含成都道、重庆道、常德道、大理道、睦南道、马场道这六条主要道路。占地面积达125.5hm²，共有建筑1534幢，计111万㎡，其中历史风貌建筑有408幢，面积为39万㎡，占五大道建筑总面积的35.1%。区域内历史风貌建筑幢数占全市历史风貌建筑的60.7%，是天津市占地面积最大、汇集历史风貌建筑最多、最具有历史文化价值和旅游价值的历史风貌建筑区。

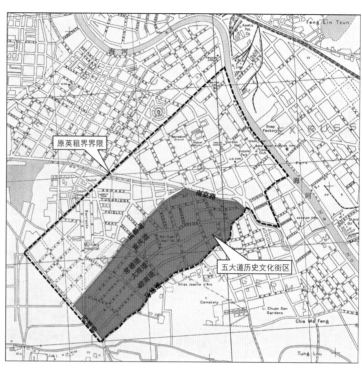

五大道历史上是原英租界的高级住宅区，是天津市总体规划确定的十四个历史文化风貌保护区之一（天津城市规划设计研究院绘制）

庆王府所处的"五大道历史文化街区"坐落在天津市和平区南京路以南，内环线与中环线之间

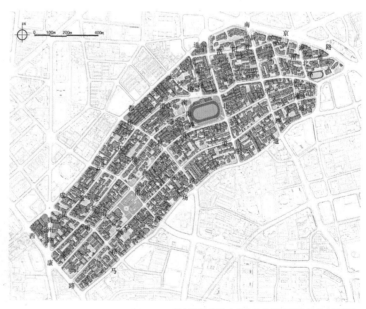

五大道区域图（天津城市规划设计研究院绘制）

23

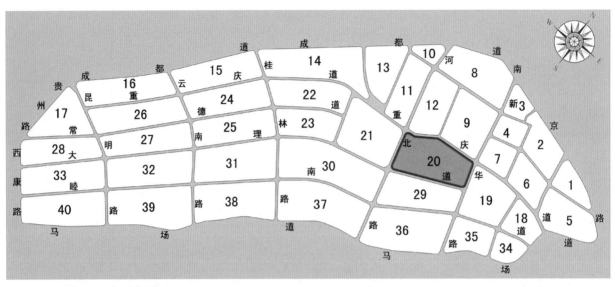

五大道历史风貌建筑保护利用试验区范围

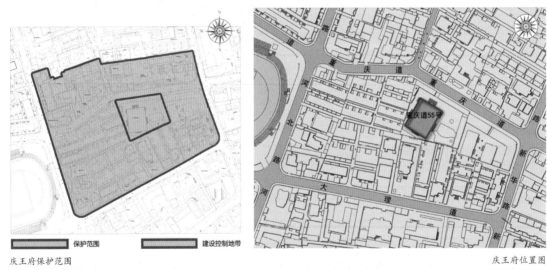

保护范围　　　建设控制地带

庆王府保护范围

庆王府位置图

庆王府周边环境

庆王府，作为五大道地区众多"小洋楼"中的一座，因为一个太监和一个王爷的驻足，使它显得与众不同。近代历史给天津留下了上千幢和庆王府一样的"小洋楼"，五大道地区更因汇聚着这些代表东、西方文化特色的各式历史风貌建筑而闻名，享有"万国建筑博览会"的美誉。这些"小洋楼"是天津城市文化的标志，共同记录了近代天津的历史，积淀了丰厚的文化，是历史留给天津的一份宝贵财富。2010年，五大道被评为"中国历史文化名街"。

天津，初名直沽，战国时期，已有人类活动于此。到唐宋时期，中国的经济重心大规模南移。金朝定都北京，为保障首都的军需民食，满足日常供应，必须仰给于江南。当时的交通运输以水路为主，直沽是大运河北端唯一一个依河傍海的地方，因形势险要，水陆交通便利，成为重要的漕粮转运枢纽和储备的基地。1214年前后，设立直沽寨（寨，是当时基层军事建置的名称）。

元明时期，漕运量与日俱增。永乐二年（1404年）直沽已成为海运商舶往来之冲，明成祖朱棣决定在直沽设卫、筑城，赐名"天津"，意为天子经过的渡口。运河成为沟通南北的重要商路，从一个朝代到另一个朝代，大批漕船成为变相的商队，从而造就了天津"通舟楫之利，聚天下之粟，致天下之货，以利京师"的重要地位。与此同时，天津迅速成长为北方新兴的商业城市。

天津依河傍海，是距首都北京最近的贸易港口城市和军事战略要地，近代以来一直是西方列强觊觎的目标。1793年，英国来使要求开放天津，遭到乾隆帝断然拒绝。1840年鸦片战争后，广州、福州、厦门、宁波、上海陆续开放为通商口岸，天津成为西方列强最后的目标。第二次鸦片战争后，英法联军集中火力，三次大规模进攻大沽口炮台，清军将领浴血奋战，终因武器落后，大沽失陷。英法联军溯海河而上，闯至天津城外，准备进攻北京，清政府被迫签订《天津条约》《北京条约》，天津开为商埠。

从1860年开始，英、法、美、德、日、俄、意、比利时、奥匈帝国等9个帝国主义国家先后在天津设立了租界，天津九国租界的形成大致分为三个阶段。

第一阶段：英、法、美租界的开辟。1860年，英法联军发动的第二次鸦片战争迫使清政府签订了中英、中法《北京条约》，天津开埠成为通商口岸。同年12月7日，

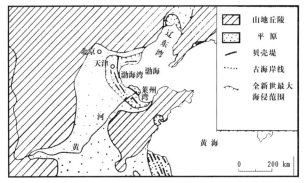

"海进示意图"反映出天津平原曾是渤海的一部分

划海河西岸紫竹林、下园一带为英租界。次年6月，法、美两国亦在英租界南北分别设立租界。

第二阶段：德、日租界的开辟与英租界的扩张。首先，德国于1895年在海河西岸开辟租界。1896年，日本在法租界以西开辟租界。1897年，英国强行将其原租界扩张到南京路北侧。

第三阶段：九国租界的形成。1900年八国联军入侵，俄国于1900年在海河东岸划定租界，比利时于1902年在俄租界之南划租界地，意大利也于同年在俄租界之北开辟租界，最后奥匈帝国在意租界以北占地为租界。与此

1860年天津城区示意图（引自《海河历史文化保护规划》，天津市规划局编制，上海同济城市规划设计研究院绘制）

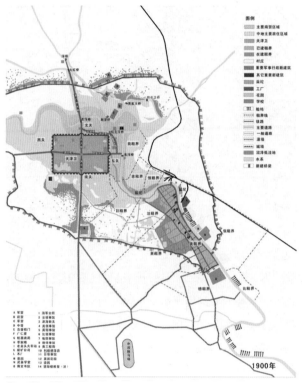

1900年天津城区示意图（引自《海河历史文化保护规划》，天津市规划局编制，上海同济城市规划设计研究院绘制）

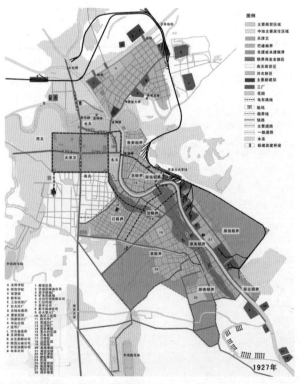

1927年天津城区示意图（引自《海河历史文化保护规划》，天津市规划局编制，上海同济城市规划设计研究院绘制）

同时，英、法、日、德四国又趁机扩充其租界地，最后形成了九国租界聚集海河西岸，总计占地23350.5亩（约1556.7hm²）的格局。而当时的天津老城厢占地2940亩（约196.6hm²），仅为租界占地面积的1/8。

九国租界在天津存续时间最长的为英租界，85年；最短的为奥匈租界，17年。这在世界城市的发展史上是空前的。五大道地区"小洋楼"的出现和形成，固然与英租界的"墙外推广界"规划建设密不可分，但五大道地区的规划建设过程，恰值中国辛亥革命以后，是中国政治、经济和社会变革最为激烈、最为动荡的时期，亦是天津城市成长最为迅速、最为辉煌的时期。因此，五大道地区的"小洋楼"能有今天这样的知名度，也与其形成时期的历史背景和人文背景密不可分。

正是这些复杂的政治、经济、文化、社会等原因，使地处天津原英租界"墙外推广界"的五大道地区，成为了进行完整规划和精心设计，并得到华人中特殊人群的大量投入而建成的中国北方最大的和堪称典范的现代居住区。

五大道地区内建筑风格纷呈，建筑形式多样，体现了"南北交融，中西合璧"的多元文化和建筑艺术、技术及工艺水平。

20世纪20年代，正值英国"花园城市"规划理念盛行之时，五大道地区就是按照该理论进行规划与建设的，故而整体规划合理，居住环境舒适，路网布置合理，配套设施完善，形成了尺度宜人、风格优雅的居住区。

在五大道地区内，新式里弄住宅、西式独立别墅、双拼别墅、集合式公寓住宅、联排住宅等类型均有遗存，古典复兴、折中主义、现代主义等建筑风格纷呈，是中国近现代居住建筑演进的活教材。

五大道历史风貌建筑区聚集中外多种建筑风格于一身，不仅展现了精彩丰富的建筑魅力，还因西式生活的引入形成了独特的城市文化空间，从而吸引当时中国的权贵、众多名人聚居于此，成为天津最高档时尚、名人会集的居住区。众多外国人、清廷遗老遗少、军阀买办和下野政客纷纷来这里购置房地产，毗邻而居。很多近代历史名人，包括曾任中华民国大总统的曹锟、政治家徐世昌及北洋内阁潘复、顾维钧、张绍增等7位总理和几十位内阁成员，美国第31届总统胡佛、美国国务卿马歇尔、清庆亲王载

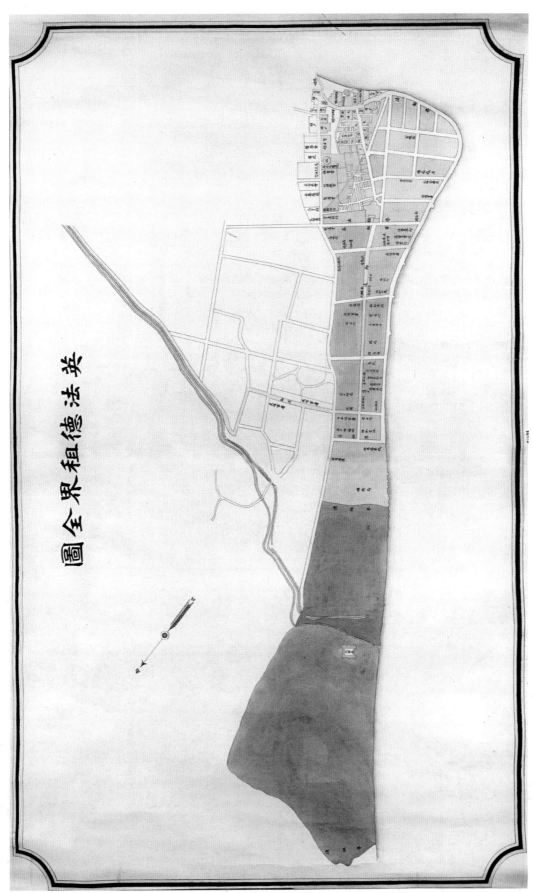

光绪二十一年（1895 年）英法德租界全图

光大永明人寿
Sun Life Everbright

五大道鸟瞰图

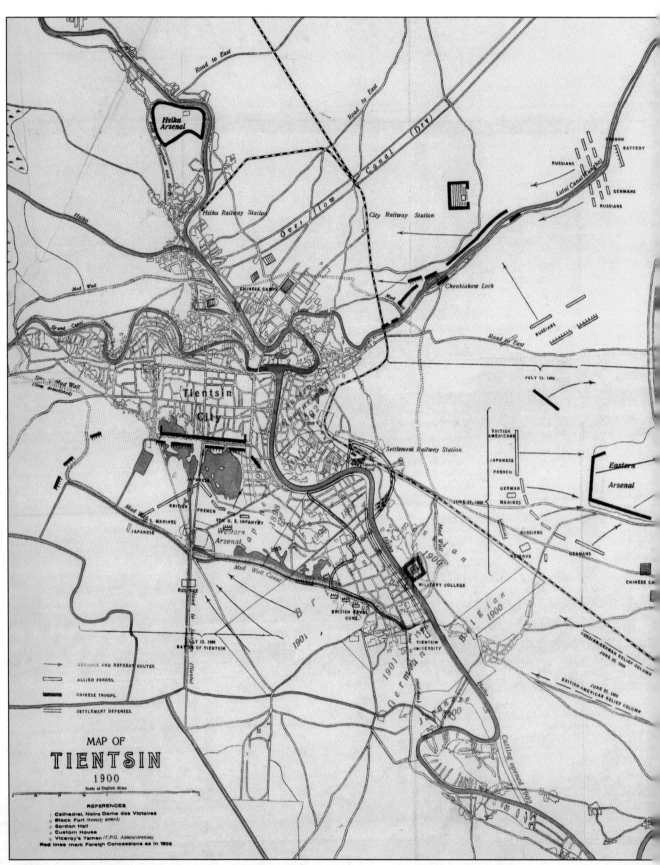

天津九国租界示意图

天津原英租界跑马场

民国体育场

按照英国"花园城市"规划理念进行规划与建设的五大道地区

振等上百位中外名人曾居住于此。

天津原九国租界遗存的历史风貌建筑及其建设过程中派生的多元文化，已成为今天城市建设中不可忽视的历史文脉和宝贵的文化资源。在中国城市发展史上，600年的城市仍是年轻的城市。天津作为国家级历史文化名城，没有北京、西安、南京等古都的显赫地位，也没有扬州、苏州、开封等古城的辉煌文化，天津的价值在于近代百年与西方文明的对接，鸦片战争后中国发生的重大历史事件大部分能在天津找到痕迹。因此，在史学界，素有"五千年看西安，一千年看北京，近代百年看天津"的说法。

综上所述，五大道地区作为20世纪初至20世纪中叶中国沿海开放城市高档居住建筑最集中的区域，集中体现了中国由传统封闭型社会向现代开放型社会转变的轨迹，集中展示了近现代中国居住建筑、生活方式的演进历史，集中积聚了当时中国上层社会、中产阶级的生活形态，是不可多得的活化历史书，具有潜在的世界文化遗产价值。

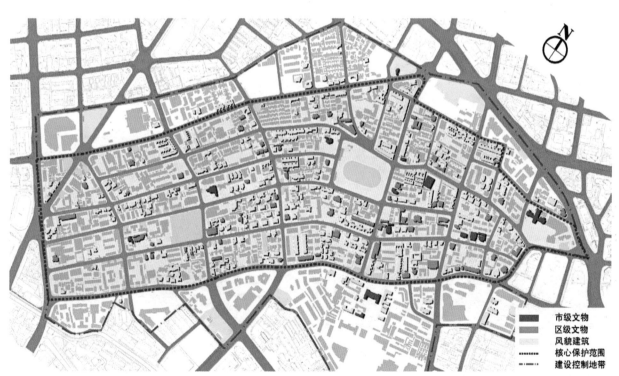

市级文物
区级文物
风貌建筑
核心保护范围
建设控制地带

天津五大道历史文化街区保护建筑类别图

五大道地区内风格各异的近现代居住建筑 1

五大道地区内风格各异的近现代居住建筑 2

五大道地区内风格各异的近现代居住建筑 3

五大道地区内风格各异的近现代居住建筑 4

五大道地区内风格各异的近现代居住建筑 5

五大道地区内风格各异的近现代居住建筑 6

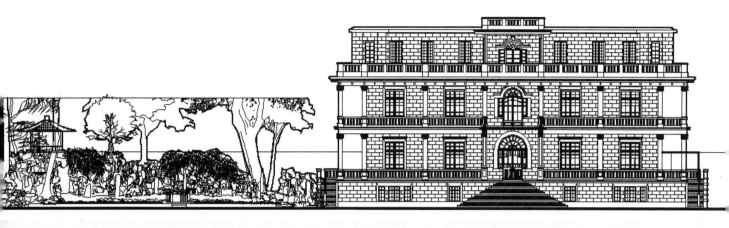

技 术 篇

Engineering

庆王府为砖木结构3层、地下一层内天井围合式建筑。整体建筑适应当时的西化生活，更结合了中国传统文化意象，是五大道地区"小洋楼"之中西风东渐的典型建筑。

Qing Wang Fu is a two-story (includes basements) inner courtyard building structured of bricks and wood. Its design not only adapted to the westernized life at that time, but also integrated Chinese traditional cultural image, making it a quintessential building with westernization in the Five Boulevards Historical Architecture Area.

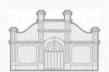

第二章 现场查勘

第一节 现状查勘与研究重点

一、建筑和庭院测绘

在建筑修复前对建筑进行全方位的查勘记录，被写入各种国际宪章或地方法规条例，明确表示这是建筑保护中必不可少的重要环节。同时，查勘应根据建筑的不同等级而在工作和成果的延展和深度上有所区别。

庆王府作为天津市文物保护单位，同时也是天津市特殊保护等级（最高等级）的历史风貌建筑，对其查勘记录要求较高，包括建筑和院落测绘、历史信息搜集、现场踏勘、房屋安全鉴定、材料检测等工作。在此基础上，再对庆王府做全面的评估，形成价值评估报告，从而成为接下来完成设计工作的基础和方案审批的参考依据。

建筑测绘是使用一种可以重复并能核实的方法进行测量，在一定比例（1：50或更大）下使建筑的设计、施工、建造分期、功能和占有者可以清楚地在平面图、剖面图和立面图中体现出来。建筑测绘的成果是带有比例尺的线图，包括平面图、断面图、剖面图、立面图，它不包含专题研究性调查的信息。建筑测绘数据来源包括手工测量、仪器测量以及纠正摄影等。整合不同来源的数据是完成建筑测绘的必要工作，并需要通过数字CAD格式使最终的成果可信而且清晰。

庆王府的测绘范围包括建筑主楼、附属用房、围墙以及庭院。

二、现状调查与评估

当代建筑遗产保护将更多目光投向以前被忽略的"再利用"领域，甚至将其视为保护的核心内容。如何确定保留的部分？哪些可以改造以适应新的需求？在庆王府整修中，以前期各种查勘和调查工作为基础，再对庆王府进行科学的价值评估。

庆王府室内中庭

表 1 庆王府文物修缮工程查勘工作简表

序号	查勘	成果或内容	作用
1	建筑和院落测绘	庆王府测绘图集	各分项设计依据
			各种测算依据
			整修记录档案的子项
2	历史信息搜集	权属或修缮档案 原居住者口述材料 报纸、书籍等文献资料	价值评估
			恢复方案依据
			文化价值方面的扩展
3	现场踏勘	摄影 录像 现状分析报告	设计、施工的基础资料
			价值评估
			社会价值方面的扩展
			整修记录档案的子项
4	房屋安全鉴定	房屋安全鉴定报告	结构加固设计依据
			价值评估
			整修记录档案的子项
5	材料检测	门窗、地板木材和水刷石材料 检测报告	恢复方案依据
			整修记录档案的子项

表 2 庆王府测绘标准

类别	测量标准
平面图	·剖切面一般在窗台以上 100mm，并应显示所有门窗洞口、窗台和入口 ·显示剖切线处及其上下的全部建筑细部、变形或位移
断面图	·表达被垂直剖切面剖到的元素（包括墙厚）
剖面图	·表达剖切面或剖切线处的所有可见细节 ·包含的细节应与测绘比例相称并应包括在视线中不可见的主要建筑构件，用虚线表示 ·可包含剖切线前面的具有重要建筑意义的建筑信息，例如烟囱、楼梯，用虚线表示
立面图	·垂直参考面的投影图
建筑细部	·可包含在上述所有的图纸形式中
一般细部	·平面、立面或剖面中所描绘的可见特征，例如门窗洞口、接点、石砌缝、设备的轮廓或者所用材料的轮廓
高处的细部	·梁、天花板、拱顶高处的窗、屋顶照明、露台、滑轮、凿洞等用细虚线表示
剖面细部	·屋檐、窗台、过梁、窗框等所有细部尺寸，大比例（1：20）下的细节必须显示出其构造组成而不仅是剖切线处的轮廓
屋顶细部	·应包括烟囱、顶盖、排水渠和女儿墙 ·要剖到屋檐和承梁板的所有细节 ·要剖到屋顶覆盖物 ·构架/椽子的高度和相关细部 ·屋脊、椽子和承梁板的正确轮廓 ·屋架、椽子与檩、屋脊等的连接以及与之相关的设备，比如铁件、钉子和可见的榫卯细节

庆王府主楼屋顶

庆王府院内为中西合璧式建筑群。其中,主楼位于院中央,采用砖木结构,局部3层,平屋顶,设有地下室。主楼北侧设有2层附属用房。院内占地约4327m²,建筑面积约为5922m²。

主楼建筑平面为矩形,南北朝向。建筑内部平面布局呈"回"字形,自室外至室内依次划分为外回廊区域、使用房间区域、中部大厅区域。室内中部大厅为共享空间中空到顶,是面积为350m²的长方形大厅,大罩棚式厅顶,木结构四坡屋架铁皮屋面。一层、二层房间沿大厅周围周边式设置,二层大厅四周设有列柱式回廊。东、西、南、北四面的开间,均为"明三暗五"对称排列。一层除大厅、客厅之外,多为住房。二层房间多为附属用房。局部三层房间,是载振购房后增建的,专作祭祀、供奉先祖的影堂。建筑内部通过东侧、西侧、北侧三面的中间穿堂过厅,相互连通,使大楼内外空间巧妙结合。二层屋面为平屋顶油毡屋面。主楼北侧正中门为主入口,铺设青条石宝塔式高台阶,室内外高差为2.5m。地下室高度为2.5m;外廊、使用房间区域一层高度为4.5m,二层高度为4.45m;局部

三层层高为3.6m;中部大厅高度为11.5m。一层、二层设有列柱式外回廊,采用中西结合柱式,黄、绿、蓝三种颜色的六棱琉璃柱栏杆。东侧、西侧及南侧一层回廊均设有次入口。

主楼北侧建有附属用房,为2层混合结构。建筑平面呈矩形,平面尺寸为70.81m×5m(长×宽),建筑北侧墙体与院落围墙形成一体,对应主楼入口位置设有过街楼作为院落入口。过街楼东、西两侧设有楼梯。原建筑为单层,后期接建成2层。一层层高为2.8m,二层层高为2.9m。屋面为平屋顶油毡屋面。

经过现场查勘,庆王府主要存在以下问题。

①使用功能由独户居住变为办公,与原功能不符。

②主楼现状格局有所改变,利用不尽合理,如封闭门厅为办公室,封闭走道、楼梯间为储藏室,添加隔断,封堵疏散通道等。

③沿重庆道围墙的两个辅助入口被封闭,院墙内新建2层附属楼,并在院内新建车库、厨房、厕所等。

④主楼室外地坪以上水刷石墙面为后修补,二层前檐

庆王府外围墙大门被封堵

庆王府附属楼为后来改建

檐口水渍

管线穿凿

庆王府外檐琉璃柱

庆王府空调室外机

庆王府入口大厅

庆王府内廊

尚存的彩画

后做大厅顶棚和抗震构件

漏水的顶棚

漏水的墙面

庆王府庭院喷泉

庆王府庭院假山

连廊柱头破损，三层门窗糟朽变形、油漆脱落。主入口石材后经修复，颜色与原材质不一致，南侧入口石材表面剥皮。二层屋顶钢制楼梯油漆脱落、反锈。

⑤内外檐门窗有变更。两部室内楼梯，按现行消防规范防火性能不足，且消防设施设置不全。卫生间已经改造且不敷使用。

综上所述，可见庆王府建筑保养状况较好，外观有破损，完好程度为"基本完好"。

三、建筑结构鉴定

1. 墙体及支撑系统

（1）墙体

地下室墙体内外墙厚度均为360mm，采用青砖海河土砌筑。查勘地下室入口墙体存在局部碱蚀现象，采用黏土砖混合砂浆砌筑后，仍普遍存在墙体碱蚀现象，碱蚀高度为通高。部分内纵墙阴角存在竖向开裂现象，裂缝宽度为0.7～1.1mm。

一层、二层墙体内外墙厚度均为360mm，采用青砖白灰海河土砌筑。一层檐墙窗下槛墙为单砖砌筑内嵌散热器，墙体普遍存在竖向开裂现象。北侧檐墙个别窗口上方存在斜向裂缝。一层南侧室内楼梯间横墙存在水平构造裂缝，查勘该墙体原为木制板条墙。后期自室内地坪至1.7m处改砌黏土空心砖，其上部至二层楼板标高处仍为木制板条墙，该墙体不同材质交界处存在水平构造裂缝。二层檐墙部分窗口下方槛墙存在竖向开裂现象。局部三层墙体内外墙厚度均为240mm，中部采用青砖白灰海河土砌筑，东、西两侧均采用黏土砖混合砂浆砌筑。该建筑后期在阳角及北侧、南侧窗间墙位置设置钢筋混凝土构造柱，墙体与构造柱间未设咬茬等构造处理，墙体与构造柱交接处均存在竖向通长构造裂缝。部分构造柱纵筋存在严重锈蚀、混凝土保护层脱落现象。建筑外檐西北角、东北角设有板条隔墙，存在水平构造裂缝。

（2）支撑系统

一层、二层外回廊区域采用砖砌列柱，未发现明显砌体开裂、位移变形等破损现象。建筑中部大厅区域地下室沿南北向设四排砖柱，每排四根砖柱，青砖海河土砌筑。砖柱截面均为500mm×500mm，部分砖柱存在碱蚀现象，一层、二层中部大厅区域仅沿内廊每侧设置四根砖柱，为柱截面直径为400mm的圆形柱。地下室及一层、二层均未发现明显砌体开裂、位移变形等破损现象。中部大厅屋面四周（对应大厅砖柱）设有钢筋混凝土柱，柱高1600mm，纵筋四根，箍筋间距为600～700mm。

2. 楼板

（1）地下室楼板

查勘外回廊区域为钢筋混凝土现浇板，楼板厚度为13.5mm，扫描探测板内受力钢筋间距为140mm，混凝土保护层厚度为39mm。该区域板底普遍存在沿跨度方向的通长裂缝，裂缝宽度为0.6～0.8mm。房间区域为木结构楼板，龙骨截面尺寸为55mm×500mm，间距为350mm。未发现明显糟朽、劈裂现象。中部大厅区域为钢筋混凝土现浇梁、板结构，东、西向设有主次梁。主梁截面尺寸为

300mm×240mm，次梁截面尺寸为180mm×240mm，次梁间距为1500mm。钢筋扫描探测梁箍筋间距为300～400mm。混凝土楼板钢筋扫描探测受力钢筋间距为210mm，混凝土保护层厚度为20～30mm。未发现混凝土梁、板存在明显钢筋锈蚀、开裂现象。检测地下室外廊区域混凝土抗压强度为23.9MPa、22.3MPa。

（2）一层、二层楼（屋面）板

查勘外回廊区域为钢筋混凝土现浇梁、板结构，楼（屋面）板厚度均为13.5mm，混凝土板底普遍存在沿宽度方向通长裂缝，局部板底钢筋锈蚀、混凝土脱落。一层、二层外廊混凝土连梁普遍存在混凝土保护层脱落、钢筋锈蚀现象。钢筋扫描探测梁箍筋间距为350mm。房间区域为木结构楼（屋面）板，一层龙骨截面尺寸为70mm×290mm，间距为300mm；二层龙骨截面尺寸为60mm×300mm，间距为360mm。局部土板存在明显糟朽现象。二层内廊采用钢筋混凝土梁、板结构，钢筋扫描梁箍筋间距为300～350mm，保护层厚度为34mm。二层屋面原为上人屋面，营造做法为：铺设方缸砖—油毡—细石混凝土找平层70mm—二层结构层。检测一层外廊区域混凝土抗压强度为20.2MPa、21.6MPa；二层外廊区域混凝土抗压强度为26.3MPa、24.9MPa。

3. 屋架

（1）中厅屋架

采用锥形木屋架，上弦杆截面尺寸为290mm×150mm；南北向下弦杆截面尺寸为400mm×200mm，间距为3700mm；东西向弦杆截面尺寸为120mm×160mm，间距为3700mm。屋架中央设有立柱，高度为3300mm。脊尖四周弦杆均采用钢筋箍加固并于立柱锚固。南北向下弦杆两侧5200mm处各设有两根钢筋锚杆。上弦杆与下弦杆节点部位设有钢筋箍锚固。查勘部分木制构件存在明显劈裂现象。

（2）其他

东、西侧及南侧楼梯采用钢筋混凝土结构，梯梁箍筋间距为300～400mm，多处梁支座处或跨中存在斜向裂缝。部分休息平台柱存在竖向裂缝。室内南北侧楼梯踏面存在明显磨损。面层存在塌陷现象。未发现楼梯龙骨存在劈裂、糟朽现象。

4. 北侧附属用房

（1）墙体

建筑室内横墙间距为7500mm，一层原有建筑为青砖海河土砌筑，二层为后期接建，采用黏土砖混合砂浆砌筑，北侧围墙一侧为单砖斗砌与建筑围墙贴建。二层建筑角部设有混凝土构造柱，墙体与构造柱交接处外檐存在明显竖向构造裂缝。检测一层砌筑黏结材料无强度，二层砂浆抗压强度为5.47MPa。

（2）层间结构

一层楼板采用钢筋混凝土现浇板，南侧外廊走道设有挑梁。钢筋扫描板底受力钢筋间距为270mm，混凝土保护层厚度为35～50mm。挑梁箍筋间距为250mm。二层屋面板采用密肋空心砖结构，未发现明显钢筋锈蚀、开裂等破损现象。

四、建筑材料检测

庆王府使用的建筑材料主要包括木材、砖、水刷石和混凝土等。

清代200余年间全国官私的建筑总量比历史上任何朝代都要多。至晚清时期，木材的积蓄日渐稀少，因此迫使建筑业去寻求更多其他种类的建筑材料。如砖瓦的供应量明显增加，一般质量较好的民居大部分改用砖材作为围护材料，以砖石承重或砖木混合结构形式的建筑较多，庆王府即为此例。

庆王府内部装修大量使用木材，包括地板、门窗以及各类木质隔断、隔扇门和落地罩。同时，在建筑承重体系

庆王府主楼外檐青砖墙面

上亦采用木材，包括屋顶承重结构，内檐房间（除中庭）使用木龙骨。

木材为传统建筑材料，质量轻而强度高，是强重比较大的材料；同时导热系数小，保温隔热性好，导热和导电性能低；有较高的弹性和韧性，能够承受一定的冲击和震动荷载；触觉效果柔和，具有天然的花纹，容易进行锯、刨、雕刻等加工。

庆王府外檐的主要刷面材料为水刷石。水刷石饰面是一项随水泥传入中国的传统工艺，它是通过在水泥中添加不同粒径、不同成分、不同颜色的石子混合抹到墙面，在水泥固化之前用水冲洗，突出石子，使墙面具有天然石材质感。

庆王府主楼也采用了一定数量的钢筋混凝土，主要体现在中庭钢筋混凝土现浇梁板、承重柱和外廊钢筋混凝土现浇板上，这也体现了对当时新材料和新技术的引进和使用。20世纪初期，我国主要城市开始出现了砖墙和钢梁、混凝土相结合的建筑做法。

庆王府主楼外廊

庆王府屋顶木结构

庆王府内檐木隔扇

庆王府檐口细部

表3 外檐墙体查勘表

墙体	层数	地下室	一层	二层	三层
	位置	外墙	外墙	外墙	外墙
	层高/m	2.7	4.2	4.2	4.2
	厚度/mm	558	500	500	500
	砌体材料	青机砖	青机砖	青机砖	青机砖
	饰面材料	水刷石	水刷石	水刷石	水刷石

表4 外檐过梁查勘表

过梁	层数	地下室	一层、二层	一层、二层	三层
	位置	外檐	外檐	外檐	外檐
	过梁形式	平式	平式	拱式	平式
	过梁跨度/mm	600、1000	1000、1800	1800、4000	600、1000
	拱券矢高/mm	—	—	1200	—
	过梁截面/mm	500×500	500×500	500×500	500×500
	过梁材料	混凝土	混凝土	混凝土	混凝土
	饰面材料	水刷石	水刷石	水刷石	水刷石

表5 外檐门窗、门窗套查勘表

门窗、门窗套		层数	地下室	一层	二层	三层
	门窗	位置	外檐	外檐	外檐	外檐
		门形式	平开	平开	平开	平开
		窗形式	平开	平开	平开	平开
	门窗套		无			

表6 外廊查勘表

外廊		位置	一层周圈	二层周圈
	柱	柱形式	圆	圆
		柱高度/mm	4200	4200
		柱截面/mm	φ450、φ440	φ450、φ440
		柱材料	未发现钢筋	未发现钢筋
		饰面材料	水刷石	水刷石
	梁	位置	一层	二层
		梁形式	连续	连续
		梁跨度/mm	5400、4800、1800、5534、4542	5400、4800、1800、5534、4542
		梁截面/mm	300×300	300×300
		梁材料	钢筋混凝土	钢筋混凝土
		饰面材料	水刷石	水刷石
	板	层数	一层	二层
		板跨度/mm	1885	1885
		板材料	钢筋混凝土	钢筋混凝土

续表6

栏杆	层数	一层	二层
	栏杆形式	彩色六棱琉璃柱、水磨石扶手	彩色六棱琉璃柱、水磨石扶手
	栏杆高度/mm	900	900
	栏杆材料	琉璃、青砖	琉璃、青砖
	饰面材料	水刷石	水刷石

表7 挑檐查勘表

挑檐	位置	一层顶	二层顶
	挑檐形式	板式	板式
	挑檐宽度/mm	400	700
	顶棚处理	水泥抹灰	水泥抹灰
	挑檐材料	混凝土	混凝土
	饰面材料	水泥砂浆	水泥砂浆

表8 台阶、坡道查勘表

台阶、坡道	位置	主入口	东侧入口处	西侧入口处	南侧入口处
	踏步尺寸/mm，蹬数/个	340×155, 17	230×150, 17	230×150, 17	230×150, 17
	材料	石材	砖	砖	石材

表9 内檐墙体查勘表

墙体			地下室	一层	二层	三层
	层数		地下室	一层	二层	三层
	位置		内墙	内墙	内墙	内墙
	层高/m		2.7	4.2	4.2	4.2
	厚度/mm		500	500	500	500
	砌体材料		青砖	青砖	青砖	青砖
	墙面装饰	层数	地下室	一层	二层	三层
		位置	内墙	内墙	内墙	内墙
		饰面材料	白麻刀灰	白麻刀灰	白麻刀灰	白麻刀灰
		层数	一层	二层		
		位置	顶棚与墙体交接处	顶棚与墙体交接处		
		室内装饰线	灰线	灰线		
		层数	一层	二层	三层	
		位置	墙体	墙体	墙体	
		挂镜线	有	有	有	
		护墙板 层数	一层	二层		
		位置	内墙	内墙		
		高度/mm	1000	1000		
		护墙板材料	木	木		

表10 内檐隔断查勘表

隔断	层数	一层	二层	三层
	隔断形式	木隔扇	木隔扇	板条木龙骨
	隔断材料	木	木	木龙骨、板条、白灰
	面层做法	油漆	油漆	涂料

表 11 内檐梁查勘表

内廊梁	层数	一层	二层
	位置	共享空间	共享空间
	梁跨度 /mm	4800、4300、5000	4800、4300、5000
	梁截面 /mm	300×300	300×300
	梁间距	—	—
	梁材料	混凝土	混凝土
	饰面材料	白灰	白灰

表 12 内檐门窗、门窗套查勘表

门窗、门窗套	门窗	层数	地下室	一层	二层	三层		
		位置	内墙	内墙	内墙	内墙		
		门形式	平开	平开	平开	平开		
		门材料	木制	木制	木制	木制		
		窗形式	平开	平开	平开	固定		
		窗材料	—	木制	木制	木制		
	门窗套	层数	一层	一层	二层	二层	三层	三层
		位置	外檐门窗内套	内檐门窗套	外檐门窗内套	内檐门窗套	外檐门窗内套	内檐门窗套
		装饰形式	口圈	口圈	口圈	口圈	口圈	口圈
		材料	木制	木制	木制	木制	木制	木制

表 13 楼地面查勘表

楼地面	结构	层数	地下室	一层、二层	一层、二层	三层		
		位置	地面	内廊地面	居室、走道地面	地面		
		结构形式	混凝土结构	混凝土结构	木结构	木结构		
		共享空间	无	有	有	无		
		龙骨截面	—	—	未能查勘	未能查勘		
		龙骨间距	—	—	未能查勘	未能查勘		
	面层	层数	地下室	一层	一层、二层	三层	一层	二层
		位置	地面	共享空间地面	居室、走道地面	地面	厕所地面	内廊地面
		地面材料	水磨石	水磨石	木地板	木地板	地砖地面	水磨石地面

表 14 内廊柱查勘表

内廊柱	层数	一层	二层
	位置	共享空间	共享空间
	柱高度	4100	4100
	柱截面 /mm	ϕ450	ϕ450
	柱间距 /mm	4800、4300、5000	4800、4300、5000
	柱材料 /mm	未发现钢筋	未发现钢筋
	混凝土强度	—	—
	饰面材料	白灰	白灰

表 15 内廊栏杆查勘表

内廊栏杆	层数	一层	二层
	位置	共享空间	共享空间
	栏杆形式	彩色六棱琉璃柱、水磨石扶手	彩色六棱琉璃柱、水磨石扶手
	栏杆高度 /mm	915	915
	栏杆材料	琉璃、水磨石	琉璃、水磨石

表 16 内檐顶棚查勘表

	位置	地下室	一层	二层	三层	共享空间
顶 棚	材料	石膏板、抹灰	装饰石膏板	装饰石膏板	装饰石膏板	吸音板
	装饰	吊顶	吊顶	吊顶	吊顶	吊顶

表 17 屋面查勘表

	位置	二层顶	三层顶	共享空间
屋 面	屋面材料	彩砂 SBS	卷材油毡	彩钢板
	防水做法	SBS	油毡	自防水
	保温层材料	未能查勘	未能查勘	自带

五、表面劣化调查

1. 石材表面

庆王府石材表面劣化表现为空鼓、开裂、脱落和污染（大气沉积物及黑色污垢、金属管道氧化物污染、不同材质的腐蚀和硫酸钙流淌痕迹、局部地方表面的散屑及脱落）以及外墙孔洞损伤和裂纹。

大厅水磨石铺设的时间比较长，再加上长时间以来的磨损和各种病变所引起的水磨石微结构的破坏，致使水磨石表面失去光泽，表层溶蚀。必须对水磨石进行清洗、翻新、结晶和抛光。

外檐水刷石的破损主要有霉变青苔、开裂、泛碱和空鼓（强度不均）。

条石踏跺的劣化表现为缺损、磨损。

2. 木材表面

木材是一种生物性的材料，在自然的条件下会慢慢地劣化分解。但是如果选材得当、制作方式正确、含水率控制得宜、规划设计完善、施工方法正确，加上适当的日常维护，这些木制构件可以保存上百年，甚至数百年。木材的劣化表现为磨损、变形、起翘、腐朽、漆皮酥裂。

3. 砖墙表面

砖墙表面的劣化，表现为墙体表面因植物侵蚀生长而造成污染。表面泛霜，即建筑物墙面的白色粉末状残留物甯化。砂浆的软化、酥化和粉化。剥落，砖石块材表层的劣化开裂。墙体（砌块与砂浆）出现的各种开裂和隆起。

表 18 庆王府历史风貌特征调查简表

部位	现状情况	损坏情况	评估分析
外檐墙体	青砖砌筑，水刷石仿青白石饰面	表面老化变黄 局部有污迹 管线穿凿孔洞 悬挂空调室外机	重要风貌特征 保留恢复原貌
	水刷石为近代折中主义建筑常用的装饰材料，与西式砖木、砖混建筑柱廊、拱廊、雕塑等设计元素相配。五大道居住建筑多为清水砖墙饰面，如此大面积使用水刷石于住宅实不多见。 **修复意见：**清洗墙面，于孔洞、损坏处进行补抹		
外檐门窗	窗： 松木窗，3 层，中间层为纱扇，表面红棕色油漆饰面。部分窗户玻璃采用清代典型套色刻花玻璃 门： 松木拱形双扇弹簧门，带纱扇，表面红棕色油漆饰面	木材经过多次油饰，不能很好呈现木材材质纹理和做工细节 部分彩色玻璃为后期按原样式新做	重要风貌特征 全部保留恢复原貌 （特别保护套色刻花玻璃）
	拱形门为典型西式建筑元素，但门扇纹理样式则为中式。餐厅和客厅的门窗均采用清代典型套色刻花玻璃（达官显贵斗富之处，所用玻璃一般为外国进口，并使用传统蚀刻、车磨绘制工艺制成），取青色、绿色、黄色和红色相互搭配，并于其上雕刻田园山水、植物花卉等图案，形式华美，寓意丰富。清代的套色刻花玻璃被看作世界玻璃艺术珍品。广东清晖园八块"羊城八景"金片套色刻花玻璃现为国家一级保护文物。另外，大部分彩色玻璃上亦刻有"壬戌仲秋 伴琴主人"字样，表明建筑始建时间和主人（该建筑建于 1922 年，始建者为清太监大总管小德张）。套色刻花玻璃为庆王府建筑典型风貌特征，使其门窗形式风格在天津近代建筑中独树一帜。 **修复意见：**木材小心脱漆并维护保养，仔细清理套色刻花玻璃		

外廊	廊柱与栏杆： 廊柱由混凝土筑成，爱奥尼克柱式，柱基为长方体，左右相距一定间隔为蓝、绿、黄六棱琉璃柱，形成外廊栏杆，水磨石扶手。柱身有铁环	表面老化变黄 局部有污迹、破损	重要风貌特征 全部保留恢复原貌
	爱奥尼克柱式为典型西方建筑设计手法，但四周围廊又得中式建筑营造的神韵。彩色琉璃构件施黄、绿、蓝等釉色经高温煅烧而成，为中国传统高等级建筑构件，于此使用再次体现庆王府中西交融的设计理念。清代规定黄色琉璃仅用于皇室或神圣庙宇，而王府只能用绿色琉璃，因此显示出近代皇室权力衰微与小德张隐喻这所豪宅的权力梦想 **修复意见**：清洗廊柱、栏杆，于损坏处小心补抹，对损坏严重的琉璃柱按原样更换		
	地面： 水磨石地面	磨损、局部有裂纹	重要风貌特征 保留
	修复意见：保留、清洗并修补损坏之处		
	天花： 白灰饰面	老化变黄、局部脱落	一般性特征
	修复意见：结合设计方案，铲除后重做		
	挑檐： 外廊板顶有钢筋混凝土挑檐，水泥砂浆抹面，挑檐下有仿牛腿装饰构件	破损较严重，多处出现钢筋裸露、锈蚀	一般性特征
	修复意见：局部补强		
台阶	主入口台阶： 剁斧石如意踏跺，共17阶半	磨损，局部开裂	重要风貌特征 保留
	正入门门前台阶采用中国传统如意踏跺，并非高等级形式，但17阶半步数则意味深长。在中国古代，"九"为阳数的极数，皇帝称"九五之尊"，而皇室建筑或礼制建筑则多附会数字九（比如故宫三大殿皆高九丈九尺），从而寓意至高至伟，天下永久。因此建筑中的"九"非帝王或宗庙建筑不能用。一般臣民若用之则被视为僭越，有逆反叛乱之意。此处17阶半，为18（二乘九得18）减半步。 **修复意见**：清洗、补抹		
	次入口台阶： 砖砌踏步水泥抹面，砖砌栏板和扶手，水泥或水刷石饰面	表面有不同程度破损	重要风貌特征 保留
	修复意见：清洗、补抹		
屋顶	其他台阶： 砖砌踏步水泥抹面，铁制栏杆扶手，水泥抹面	表面不同程度破损、污染	一般风貌特征 保留
	修复意见：清洗、补抹		
	中庭四角攒尖顶，暗红色铝铁皮屋面，顶部有精美风向标 三角木屋架	铁皮屋面风化老旧、有渗漏现象木屋架后经加固，部分木构件糟朽	重要风貌特征 保留
	庆王府中央大厅为庆王府最显著的特色，设计构思耐人寻味。四周开高侧窗使中庭的共享空间在自然条件下既可获得足够光线，又具良好的舒适性。 **修复意见**：检修屋顶结构，重新粉刷屋面		
	二层平屋顶： 木龙骨板条 SBS 彩砂上人屋面	防水保护层大面积脱落，有渗漏	一般性特征
	修复意见：按规范重新设计施工		
	三层平屋顶： 油毡防水卷防水屋面	未做屋面保温层	非特征
	修复意见：按规范重新设计施工		
内檐墙体	青砖砌筑，白灰罩面，个别墙体为轻质隔断墙	墙皮老化变黄	一般性特征
	修复意见：重新铲抹		
内檐地面	拼花木地板和条形木地板两种	经过多次油饰，不能很好呈现木材材质纹理和做工细节	重要风貌特征
	修复意见：木材小心脱漆并维护保养，损坏处修补平整		
内檐天花	多数为白灰抹面，重要房间为石膏花饰天花，其中一间房为木格栅吊顶	天花非原物，现状表面老化变黄。一层餐厅和会客室石膏堆花天花为后期按原样制作	重要风貌特征

	室内大量石膏花饰造型的使用是欧式风格建筑最典型设计元素,庆王府主楼一层门厅、餐厅和会客室天花满布石膏花饰,但花饰纹样不是西方常见的植物或几何图样,而是寓意丰富的中式图案。会客室天花采用山鸡、鸾、蝙蝠、如意祥云图案。餐厅天花采用牵牛花、蔓藤图案。 **修复意见:** 仔细清理打磨,重新粉刷		
内檐门窗	窗: 三层松木窗,形式与外檐类似;个别窗户采用彩色花纹玻璃、玻璃丝画	经过多次油饰,不能很好呈现木材材质纹理和做工细节	重要风貌特征
	门: 多为松木实心门,除中庭门外,贴脸、筒子板齐全;另有带玻璃扇的隔断门;原会客室和餐厅为推拉门,松松材质,门板上有油彩画		
	内檐门窗形式符合庆王府室内中式装修风格。在房间的进深方向,多设玻璃窗隔扇门和落地罩以分隔内部空间,此为中国经典的室内空间营造方法。入口处通过隔扇门和落地罩将空间分为过厅、门厅和楼梯间三个依次探寻王府实境的主要过渡空间。其中门厅空间处理得异常丰富华丽,为庆王府空间系列的第一处高潮。此处隔扇门以通透玻璃为主,形式空灵,并在上部使用玻璃丝画作为窗扇,进一步透露出王府在追求舒适实用性的基础上,也通过强调设计构思与工艺之精妙绝伦,来突显其与众不同的特质。门厅与餐厅、会客室通过木制推拉门相隔,此门不同之处在于装饰和制作细节上的苦心经营,门扇用材很足,通体被分成上中下三段,上部为八块套色刻花玻璃,中部则被水平分成三段,中间饰之以西洋山水油画,下部也被水平分成三段,所以既有格局上的稳重秩序,又因细节上的突破常规而活泼跳跃,用料和工艺上则加强了一种贵族式的奢华感受。门厅与楼梯间用落地罩相隔,红木材质,同样在细节上追求不同凡响的效果。 **修复意见:** 木材脱漆保养,彩色花纹玻璃、玻璃丝画清理并做特殊保护		
中庭	内廊: 两层柱廊,柱头塔什干式样,混凝土筑成,白灰罩面。一层无栏杆,鼓形柱础,二层有琉璃柱栏杆,水磨石扶手。柱身有铁环。水磨石地面,天花白灰饰面	保存较好	重要风貌特征 原样保留
	修复意见: 清理、修补、保养		
	天花: 石膏吸声板吊顶,有抗震的钢拉杆	非原物,材料、制作较粗糙	非特征
	修复意见: 清理、修补、保养		
	地面 水磨石地面	水磨石地面有轻微裂缝	重要风貌特征
	修复意见: 清理、修补		
楼梯	前厅楼梯为暗红色油漆木制三跑楼梯,通至三层;后楼梯为暗红色油漆木制折跑楼梯,通至二层	前厅楼梯倾斜塌陷	重要风貌特征
	修复意见: 前厅楼梯调平扶正,木材脱漆保养		
室内小木作	踢脚板: 木制	保存较好	一般性特征
	修复意见: 木材脱漆保养		
	护墙板: 木制,仅一、二层重要房间有	非原物,但制作精良	一般性特征 保留
	修复意见: 木材脱漆保养		
	三层紫檀落地罩	保存较好	重要风貌特征 特殊保护
	修复意见: 保养		
	一层红木落地罩	保存较好	重要风貌特征 特殊保护
	修复意见: 保养		
	一层隔断	非原物,但制作精良	一般性特征 保留
	修复意见: 保养		

附属楼	砖砌 2 层楼，简易塑钢窗，外檐水刷石饰面	非原物，建造年代不可考证，形制简单，与主楼不协调	非特征
	修复意见： 按规范重新设计施工，须与主楼协调		
院落景观	假山：湖石堆叠而成	地震后部分假山石损坏倒塌，经过重新堆叠后，稍显凌乱	重要风貌特征
	修复意见： 局部调整		
	喷水池	底座非原物	重要风貌特征
	修复意见： 清洗维护，原样更换底座		
	六角凉亭	非原物	一般性特征
	修复意见： 清理保护		
	地面：普通水泥砖铺地	形制简单，非原物	非特征
	修复意见： 重新设计		

第二节 评估阶段

一、保存现状评估

（一）真实性

真实性是指在具体确凿的证据下，最大限度地保持原有格局、结构和空间形式，在修复设计时，尽可能保留和利用原有结构构件，发挥原有结构的潜力，避免不必要的拆除和更换。在《威尼斯宪章》中规定：修复过程是一个高度专业性的工作，目的在于保存和再现文物建筑的美学与历史价值，它必须以原始材料和确凿文献为依据。一旦出现臆测，必须马上停止。但是以保存和再现价值的方式来规定真实性，其实际指向不清，在实践中可操作性差，因此国际文化遗产保护的主要机构后来又进一步将其分为四个方面：设计的真实性、材料的真实性、工艺的真实性和地点的真实性。

根据这种国际通行的说法和理解，庆王府的建筑物、室内装饰物和庭院景观，在设计、材料、工艺和地点这四个方面均保持了相对较高的真实性，在修复时予以重点保护和保养。

（二）完整性

在《威尼斯宪章》中规定：古迹遗址必须成为专门照管对象，以保护其完整性，并确保用恰当的方式进行清理和开放。这里的完整性是为了确保纪念物的安全并保护其周边环境。直到 2005 年的《西安宣言》，完整性的外延不断在扩充：首先要求古迹应尽可能保持自身组织和结构的完整，并与其所在环境相和谐，这是有形完整，包括物质结构的完整性和视觉景观的完整性；其次则是社会功能的无形完整，要考虑经济、社会等因素对其产生的影响。

庆王府主楼以及庭院保持了其自身的完整性，但是作为一个花园式住宅，庆王府还包括一定数量的附属用房。由于历史原因，这些附属用房为后期改建，无论在建筑形制、建造技术、材料及质量及与原有建筑环境的协调性方面均乏善可陈。因为对原附属用房拆除以及新建现状附属用房并非在有意识的建筑保护原则下对建筑进行良性干预，所以从动态的历史发展观点看，庆王府作为一个整体环境的真实性和完整性受到了破坏。在修复时应当怎样处理这些附属用房？这是延续庆王府在时间和空间的完整性上的一个重要问题。

（三）稳定性

建筑结构的力学性能会随时间而衰退，加之各种腐蚀、碰撞、震动、冻融和人为破坏等因素的作用，建筑的安全可靠性降低，因此在历史建筑修复过程中对房屋进行结构稳定性评估，是对历史建筑进行保护和再利用的前提。

（1）砌体构件

庆王府部分砌体结构构件存在开裂、碱蚀等破损现象。原有建筑砌体构件砂浆普遍粉化、无强度，依据《民用建筑可靠性鉴定标准》（GB 50292—1999）第 4.4.5 条和第 4.4.6 条的规定，评定砌体构件为 D_u 级。

（2）混凝土构件

主楼外廊区域多处构件存在混凝土保护层剥落、钢筋锈蚀的严重现象，依据《民用建筑可靠性鉴定标准》第 4.2.5 条的规定，评定混凝土构件为 D_u 级。

（3）木结构构件

部分承重木构件存在糟朽、劈裂现象。依据《民用建筑可靠性鉴定标准》第 4.5.4 条和 4.5.6 条的规定，评定木结构构件为 C_u 级。

（4）地基基础

建筑基础墙体存在碱蚀现象。依据《民用建筑可靠性鉴定标准》第 6.2.4 条的规定，评定地基基础为 C_u 级。

（5）上部承重结构

主楼及北侧附属楼建筑缺少有效抗震构造措施，原有结构体系使用中亦存在不同程度破损。砌体构件被评定为 D_u 级，混凝土构件被评定为 D_u 级，木结构构件被评定为 C_u 级。其中砌筑砂浆强度等级已不能满足国家现行《建筑抗震设计规范》的相关要求。依据《民用建筑可靠性鉴定标准》第 6.3.1 条的规定，该建筑上部承重结构被评定安全性等级为 D_u 级。

该建筑依据地基基础、上部承重结构的评定等级，结合建筑物使用现状综合评定等级为 D_{su} 级。依据《民用建筑可靠性鉴定标准》及国家现行规范中有关规定，考虑地基基础、上部承重结构现状及建筑物历史综合分析，在进行必要的加固、修复并完善抗震构造措施后，该建筑尚可继续使用。

二、危害因素评估

建筑材料之所以面临更新，无非是其原有的功能无法满足现实要求造成的，其原因有二：一是在建筑发展历史性演变过程中产生了功能的本体老化现象；二是由于对建筑的使用不当、战争的破坏等造成建筑功能的损害与缺陷。

1. 混凝土

混凝土是一种非匀质的合成材料，在不同的受力状态下，它的破裂过程主要与微裂缝的发展有关。这种微裂缝在荷载很低或无荷载之前就存在于混凝土内部，混凝土随着荷载的加大引起内部微裂缝的扩大，连通起来以致发生破坏。同其他强度相比，混凝土的抗压强度要高得多。在结构设计及施工质量控制中都以其为依据。影响混凝土的主要因素有原材料的质量、配合比、施工方法、养护方法、试验方法。

在正常情况下，如果空气保持一定的温度和湿度，混凝土水泥砂浆的强度能不断增长，只要不在酸性、高温、高湿环境中工作，其耐久性是极好的。但是，只要有工业生产，有人类生活，混凝土就要在二氧化碳的环境中工作，随着年龄增长，混凝土会受到碳化而影响结构的整体强度。

由于混凝土中所含水分的改变、化学反应、温度变化所引起的变形，均称为混凝土的体积变形，主要包括干缩变形、自生的体积变形和温度变形三部分。混凝土结构由于基础、钢筋或相邻部件牵制而处于不同程度的约束状态，混凝土发生的体积变形会由于约束而引起拉引力，变形过大容易引起混凝土裂缝。引起混凝土干缩的重要原因之一就是水分的蒸发，这种蒸发、干燥过程，总是由表及里、逐步发展的，因而湿度总是不均匀的，干缩变形也是不均匀的。干缩对于混凝土薄壁结构的影响相对较大，混凝土干缩的机理比较复杂，最主要的原因是内部空隙，水蒸发变化时引起的毛细管引力。影响干缩变形的主要因素是水泥品种和混合材料、混凝土配合比、化学外加剂和养护条件等。

混凝土依靠胶凝材料自身水化引起的体积变形称为自生体积变形。自生体积变形主要取决于胶凝材料的性质。混凝土自生体积变形对于抗裂问题有着不容忽视的影响。混凝土随着温度的变化而发生膨胀或收缩变形，这种变形称为温度变形。由于大体积混凝土结构尺寸比较大，水化热引起的内部最高温度比较大，因此容易引起温度变形。

2. 砖墙

与近代历史建筑的其他要素一样，砖砌外墙不可避免地会出现劣化衰败。这类劣化可以是诸多成因综合引起的外在形式。砖砌外墙的劣化成因多样，单一的表象后可能是许多原因共同作用的结果。引起砖砌外墙劣化的主要因素有如下几个方面。

（1）水侵

水的侵入不但影响墙体物理性能与耐久性，而且为植物与真菌滋生创造条件，墙体热惰性也会因更多热耗散而降低。在建筑物的某些暴露部位特别易于发现这类问题。容易出现问题的区域还包括女儿墙、落水管的周围和外墙转角。

（2）盐结晶

在历史建筑砖石墙体中，存在于临近的地下土的水溶性盐类会被上升水带入墙体。如果此类盐在砖石的内部结晶就形成底层泛霜，将导致砖石表面剥落。结晶在砖石或砂浆表面的白色粉末即为泛碱。严重情形下表现为白色晶体的厚层。

（3）冻融破坏

冻融纯粹是机械作用。水结冰，体积增加约9%。多孔砖吸收更多的水分，因而抗冻融的能力弱于更密实的砖。冻融破坏产生于砖石吸水，结冰膨胀而导致分裂，若出现此问题则可能需要替换已被破坏的砖石块。砂浆同样会受到冻融影响，潮湿环境与干燥环境交替的循环变化会降低砂浆黏结强度，使砂浆粉化脱落。

（4）大气污染

大气污染主要以酸雨、雾、灰尘方式对建筑物产生危害和破坏。污染物质可以是固体颗粒的、小水滴状的，也可以是气体和气雾状的。特别是大气中存在大量水蒸气所形成的墙面的薄层水利于此类物质的接触停留，也利于其进入砖内部。污染物能对材料表面产生化学侵害，污染区域包括窗台以及凸出的装饰构件下面，形成污垢结壳累积。

（5）植物与动物侵害

植物生长会对砖石砌体带来危害。苔藓的出现是墙体潮湿含水的信号，会促使墙体表面容纳更多水分，进一步造成损害。动物活动也可能对墙面造成损害。最普遍的是动物排泄物对墙体的损害，特别是鸟粪。

（6）原初构造缺陷与以往不恰当的维修

有时砌体的建造粗劣，原初砌体的缺陷可以引起后续问题，此类典型缺陷包括墙体间的连接不良或者在已存在砌体上添砖加建，利用质量低劣的砖块及砂浆，原始设计缺少泻水孔等。以往的错误修复也对墙体带来负面影响，常见的是砖石表面用不透气涂料覆盖或喷砂清洗，加速自然老化过程。涂料覆盖造成水分在内部积聚，引起涂层破坏剥落，时常带动砖石表面薄层的剥落。

（7）其他自然力与人力造成的损害

极端环境下的自然力如地震、台风、强雨雪、洪水等，可能造成无可挽回的损害。由于人为原因造成的墙体损害也经常可见，比如墙体被涂鸦、涂写、喷漆；对墙面故意破坏、尖锐物划痕；在交通地带可能出现车辆等对墙体的撞击损坏等。

3. 外檐水刷石破损

外檐水刷石破损主要有湿气引起的霉变青苔、开裂（热胀冷缩）、泛碱（盐分入侵）、空鼓（强度不均）。

4. 木材

由于木材是微生物的食物源，再加上大部分的木材属于微酸性，适合菌类与孢子生长，配合适当的温湿度就很容易受到腐朽菌危害。昆虫对木材的危害包括如白蚁、天牛等对木材的危害。其他木材劣化原因还包括木构件的高含水率，如建筑物湿气（漏水、排水不良、地下水位高），墙壁及基础防潮性能不佳，防腐材料没有进行后干燥处理等。

5. 使用功能调整

使用功能调整具体包括：改变室内格局；拆除游廊和伴琴斋，新建附属用房；对庭院景观的调整。

6. 地震

1976年的地震对建筑物造成外观和结构方面的损伤。

第三章　方案设计与设计文件的编制

第一节　修复原则

按照我国现行的国家文物保护大法——《中华人民共和国文物保护法》，结合《天津市历史风貌建筑保护条例》及国际上通用的《威尼斯宪章》，确定了庆王府的维修原则。

1. 真实性原则

真实性指在具体确凿的证据下，最大限度地保持原有格局、结构和空间形式，在修复设计时，尽可能保留和利用原有结构构件，发挥原有结构的潜力，避免不必要的拆除和更换。在《威尼斯宪章》中规定：修复过程是一个高度专业性的工作，目的在于保存和再现文物建筑的美学与历史价值，它必须以原始材料和确凿文献为依据。一旦出现臆测，必须马上停止。但是以保存和再现价值的方式来规定真实性，其实际指向不清，在实践中可操作性差，因此国际文化遗产保护的主要机构后来又进一步将其分为四个方面：设计的真实性、材料的真实性、工艺的真实性和地点的真实性。这样，真实性有了更具体的指向和可操作性。

2. 可识别性原则

可识别性是指在古迹修复中，增添部分必须与原部分有所区别，使人能辨别历史和当代增添物，以保持文物建筑的历史性。原有物与新增物具有明显的区别，是基于尊重历史建筑的史料价值这一基本观点，因此反对在修复中因为新增物的仿制叠加从而掩盖了建筑真实的历史痕迹，降低了建筑作为历史见证的价值。比如一座古代庙宇，在修复时要替换外墙上的一块石头，那么替换后的石头在材料、形制上与原物保持一致的同时，其外在形式则要与其周围的石头有可辨识的差别，以告知参观者这块石头并非原物，而是某次维修后的结果。因此，在维持建筑整体和谐的前提下，可识别性在一定程度上有利于促进人们积极地保护建筑原有形式，不到万不得已则不更换不增添，降低大拆大改的现象。

这一要求在西方发达国家能够被广泛接受，但也并不是百分之百地做到，而在其他地方，比如亚洲的一些国家实施起来则具有一定的困难，真正在古迹修复中做到可识别性并不多见。这主要是不同的文化传统、审美习惯与社会经济发展程度所造成的，因此可识别性作为国际宪章所提出的一种要求，其可行性受到诸多质疑，长期以来并没有被完全贯彻执行，"以假乱真"的现象还是普遍存在并被大众所认可。

3. 可读性原则

可读性是指保全历史信息，能读出各个时代在建筑上留下的痕迹。在《威尼斯宪章》中明确指出：各个时代加在一个文物建筑上的正当东西都要尊重，因为修复的目的不是追求风格的统一。当一座建筑含有不同时期叠加的作品时，只有在特殊情况下才允许把最底层的作品显示出来。条件是，被去掉的东西价值甚微，而被显示的东西则具有很高的历史、考古或美学价值，并且保存完好，值得显示。因此，当一座建筑经历了几十年甚至成百上千年的历史沧桑后，其最初的原貌或许可以被找到，但是我们也要尊重其发展的过程性，不能因为片面地追求建筑的历史原点而消灭一些有价值的历史见证物。比如始建于中世纪的一座府邸，其最初的内部装修可能仅仅是简单抹灰，但后世的主人可能依据自己的喜好或当时的流行样式重新设计灰线，那么后来的灰线则应该被保存下来。

4. 可逆性原则

可逆性的要求是因为修复加固技术可能在当时不是最正确的和最好的，要相信后人会有更好的处理手段和方法，它最初体现在《雅典宪章》中：拟进行修复的项目要经过严格的考评以避免会导致使结构丧失其特性和历史价值的错误；现代的技术和材料可以应用于修复工作中。修复的过程是可逆的。在《威尼斯宪章》中则指出：无论在何种情况下，修复前后都必须对古迹进行考古和历史研究。当传统技术被证明不适用时，可采用现代的结构和保护技术来加固文物建筑。但这些现代技术必须经科学资料和经验证明为有效。因此可逆性实际上是指要谨慎对待当时的钢筋混凝土技术。而目前则可理解为在古迹修复中所使用的材料、技术尽量不对原有结构、材料和肌理造成割裂、侵蚀和损伤，从而实现建筑修复过程的可反转性。

5、完整性原则

在《威尼斯宪章》中：古迹遗址必须成为专门照管对象，以保护其完整性，并确保用恰当的方式进行清理和开放。这里的完整性是为了确保纪念物的安全并保护其周边环境。直到 2005 年的《西安宣言》，完整性的外延不断在扩充：首先要求古迹应尽可能保持自身组织和结构的完整，并与其所在环境相和谐，这是有形完整，包括物质结构的完整性和视觉景观的完整性。其次则是社会功能的无形完整，要考虑经济、社会等因素对其产生的影响。

6、可持续性原则

建筑的每一个过程消耗了大量的资源，因此节约化成为建筑更新的主要技术原则之一。节约化有多重含义和内容，贯穿在旧建筑的使用、维护、拆除，新建部分的材料收集、制造、运输的全过程中。

①使用节能材料和节能构造措施改进建筑围护结构的热工性能。

②加强建筑利用自然通风与采光，利用各种清洁能源和可再生能源（太阳能、风能、水能、地热能、生物能等），以达到减少依赖利用机械设备调控建筑热工性能的目的。

③在材料的处理和选择上，对旧建筑的废弃物处理时注意其循环的可能性，选择内涵能源低的建材，使用旧的建材，利用地方材料。

第二节　建筑本体工程设计

一、结构加固设计

1. 抗震设计标准

抗震设计标准为 50 年。

2. 设计要求

不改变文物原状（包括建筑形制及建筑构件、室内外空间尺寸），外观（包括室内外）尽可能隐蔽。

3. 加固内容

加固内容包括墙体、梁、柱、楼板（二层屋面改为上人屋面）、屋架。

4. 加固方案

不得使用外露构造柱、圈梁等影响建筑形象的加固方法，尽可能不使用钢筋混凝土套盒、围套等加固方法，使用碳纤维布加固，混凝土卧墙圈梁，钢拉杆、钢围套加固，深耕缝加筋加固，压力灌浆等方法；结合掏换或增设防潮层（带）增加地圈梁。

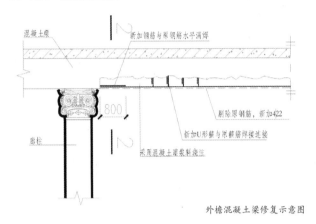

外檐混凝土梁修复示意图

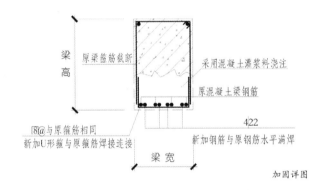

加固详图

二、其他专项设计

1. 建筑平面微调

根据使用功能的需求，对主楼建筑平面布局做微调，包括个别房间重新划分，增设 1 部人梯（室内或室外，方案待定）、2 部食梯，根据需要增设卫生间，拆除后添的隔断等。

恢复正门两侧的 2 个出入口，东侧为机动车出入口，正门改为步行出入口，西侧为服务出入口，院内只设少量内部及贵宾停车位。

调整附属楼功能及平面，因为不是文物，必要时可以在保持沿街围墙外观不变的前提下翻建。

2. 外檐整修

剔除破损开裂及后期修补存在色差的水刷石饰面（含线脚、花饰等）至牢固部位，根据配方修补，涂刷憎水剂。

修理、添配内外廊栏杆彩色六棱琉璃柱、水磨石扶手。

归安发生歪闪的石构件并修补风化的石材。

拆除杂乱的管线。

3. 防潮层与墙体碱蚀的修复

在地下室墙体掏换或增设防潮层（带），可与地圈梁结合。

地下室墙体剔碱或掏碱。

具体做法根据实际查勘结果确定。

4. 屋面防水

二层屋面按上人屋面标准加固后重做防水，三层屋面和中庭屋面重做防水（中庭铁板屋面可以保留，不一定是后期更换，可以修理后继续使用）。

拆除卫星天线等附加设备。

5. 内檐整修

内檐墙面铲抹，修补石膏吊顶、线脚。

修理、添配内外廊栏杆彩色六棱琉璃柱、水磨石扶手。

修补现有水磨石地面。

拆除后期添加的地下室及各楼层石膏板吊顶（中庭吸音板是否保留，视屋架具体情况而定），并根据实际情况复原。

6. 木楼梯维修加固

楼梯木踏板磨损严重，应选用相同材质、干燥的木材进行维修、拆换，并按相应规范进行防火处理，注意构件的通风、防腐。

7. 小木作维修

按原形制维修木门窗，已改变的按原样复原，按原样添配五金件、添配彩色玻璃、清洗丝网、保护推拉门上的油画。

门窗贴脸、筒子板、木地板、护墙板、踢脚板等小木作维修油漆。

拆除后期添加的隔断门。

木构件做好防火、防腐处理。

修复、添配家具等。

8. 增设无障碍设施

根据《城市道路和建筑物无障碍设计规范》（JGJ 50—2001）以及对庆王府整修后使用功能变更的要求，天津大学建筑设计研究院在庆王府修缮设计中，提出在庆王府主楼外侧增设透明室外电梯的方案。

《中华人民共和国文物保护法》第四条明确提出"文物工作贯彻保护为主、抢救第一、合理利用、加强管理的方针"。在此基础上，参照以1964年《国际古迹保护与修复宪章》为代表的国际原则制定的《中国文物古迹保护准则》的第四条也有类似的表述，即"文物古迹应当得到合理的利用"。《天津市历史风貌建筑保护条例》第四条规定"历史风貌建筑的保护工作，应当遵循统一规划、分类管理、有效保护、合理利用的原则"。国内其他城市有关建筑遗产保护的条例中也都有类似的条文。

因此，建筑遗产的保护并不否定对其做合理的利用。建筑遗产毕竟是由人类创造的，为人类服务乃天经地义。

基于上述的法理依据和国际通行的文化遗产保护实践，在庆王府主楼外增设无障碍电梯完全符合合理利用的原则及对建筑本体最小干预、可识别性和可逆性的原则。

具体来讲，庆王府的使用功能定位为展示王府生活的城市人居博物馆，不再是原来的办公性质。新功能要求面向所有人开放，必然包括残疾人及老年人，按照现行的建筑法规，需增加面向这类特殊人群的无障碍设施。而庆王府主楼一层距室外地面2.5m，主入口为17级半陡峻的石质台阶，室内有两部木楼梯，无法满足无障碍通行的要求。

事实上，如雅典卫城、巴黎卢浮宫、西班牙塞维利亚的传教士医院等那些文化、历史、科学价值远超庆王府的世界文化遗产，均安装了无障碍设施，体现了人文关怀，成为人类文明进步的标志。国内如天安门、故宫午门、故宫三大殿和八达岭长城等也都装有无障碍设施，得到了国际同行的认可，亦未对遗产本身造成伤害。

在2010年4月24日关于庆王府修缮设计方案天津市文化局、天津市国土资源和房屋管理局组织的专家论证会上，与会专家对这一设计表示赞同，认为无障碍设施要以不破坏建筑原貌和景观为前提适当设置，要注意可逆性。

因此，根据专家意见，对于室外无障碍电梯做如下处理。

①关于位置选择，电梯安装在主楼与裙房所形成的楔形空间内，避开建筑主立面和面向庭院的侧立面，可以维持庆王府原有建筑、景观形象。

②关于材料选择，选用透明玻璃电梯间，在材质上容易与建筑原有材料有所区分，强调建筑保护中的可识别性。

③关于设计安装，对其外观设计和施工精耕细作，以玻璃的透明通透和结构的精致简洁反衬庆王府的历史沉淀之美。

④强调可逆性，增设电梯与建筑本体脱离，未对建筑本体造成结构性损伤，作为一种新的尝试，其实施过程完全可逆，因而不会对原有建筑造成不可恢复的损害，从而不会降低庆王府本身的文物价值。

所以，在主楼室外西侧增设一部无障碍电梯，电梯井采用独立基础、钢结构框架，与主楼文物本体没有连接，符合最小干预原则。其间距亦通过计算，超过设防地震烈度可能达到的横向摆动位移，因此不会对主楼的安全性造成危害。今后如欲拆除电梯，亦不会对主楼建筑本体造成伤害，符合可逆性原则。

电梯井表皮采用透明玻璃覆盖，现代感极强，与具有近百年历史的主楼在形式和材料上形成强烈的新旧对比，突出了可识别性，不会给人造成鱼目混珠、假古董的感觉。

第三节　防护加固工程设计

一、结构补强设计

结构补强设计，即针对因使用年代较长并维修不当或者建造质量原因造成危及结构安全的房屋，对原有受力结构进行加固补强方案的选取并以图纸的形式体现。

该方法能通过花少量的资金来维修、加固，以恢复其承载力，确保房屋建筑的安全使用。加固部位主要有基础、木结构、墙体及屋面，下面就这四个部位着重进行加固方法的介绍。

（一）基础部分加固、修复

（1）加混凝土底座支撑技术

挖掘地面至基础底面并暴露基础，在现有基础上浇筑混凝土底座，然后填实基坑。

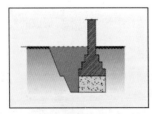
加混凝土底座支撑技术1

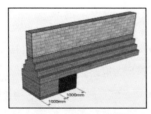
加混凝土底座支撑技术2

（2）基础破损处的更新

挖掘地面并清除基础破损处，清洁表面，换一块和原来一样形状和材质的新材料，然后填实基坑。

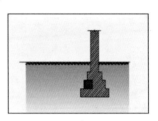
基础破损处的更新

（3）基础加厚技术

挖掘地面至基础底面并暴露基础，在现有基础下浇筑轻质混凝土底座，然后建造下层基础，材料和原基础相同，并在上下基础间插入木头楔子。待3～4天后基础沉降稳定，取出木头，用砖填实缝隙，最后填实基坑。

（4）打桩加固技术

挖掘地面至基础底面并暴露基础，在现有基础下打入铁桩，在铁桩上架千斤顶支撑上面基础。待3～4天后基础沉降稳定，取出木头，用砖填实缝隙，下衬混凝土底座，最后填实基坑。

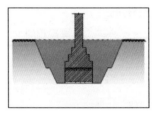
基础加厚技术

（二）木结构部分加固、修复

历史风貌建筑木料的使用占了很大的比重，结构部分包括木屋架、木檩、木龙骨等，如何保证结构的安全性、稳定性，主要通过以下加固技术。

表19　木构件结构损坏汇总表

损坏类型	破损现象	整修处理方法
结构损坏	木构件不能满足设计强度要求	碳纤维加固
	木构件存在明显的糟朽或断裂	打夹板加固
	木构件存在明显的风裂现象	铁箍加固
	木构件损坏严重	更换木构件

1. 碳纤维布加固

碳纤维布加固技术是利用碳素纤维布和专用结构胶对建筑构件进行加固处理。该技术采用的碳素纤维布强度是普通二级钢的 10 倍左右，具有强度高、重量轻、耐腐蚀性强和耐久性强等优点。厚度仅为 2mm 左右，基本上不增加构件截面尺寸，能保证碳素纤维布与原构件共同工作。

碳纤维布

（1）碳纤维简介

碳纤维根据原料及生产方式的不同，主要分为聚丙烯腈（PAN）基碳纤维及沥青基碳纤维。碳纤维产品包括 PAN 基碳纤维（高强度型）及沥青基纤维（高弹性型）。

（2）环氧树脂简介

仅仅依靠碳纤维片本身并不能充分发挥其强大的力学特性及优越的耐久性能，只有通过环氧树脂将碳纤维片黏附于钢筋混凝土结构表面并与之紧密地结合在一起，形成整体，共同工作，才能达到补强的目的。因此，环氧树脂的性能是重要的关键之一。环氧树脂因类型不同而有不同的性能，适应各个部位的不同要求。例如，底涂树脂对混凝土具有良好的渗透作用，能渗入到混凝土内一定深度；粘贴碳纤维片的环氧树脂易于"透"过碳纤维片，有很强的黏结力。依使用温度的不同，树脂还分为夏用及冬用类树脂。

（3）碳纤维材料与其他加固材料的对比

①抗拉强度：碳纤维的抗拉强度约为钢材的 10 倍。

②弹性模量：碳纤维复合材料的拉伸弹性模量高于钢材，而芳纶和玻璃纤维复合材料的拉伸弹性模量则分别仅为钢材的 1/2 和 1/4。

③疲劳强度：碳纤维和芳纶纤维复合材料的疲劳强度高于高强钢丝。金属材料在交变应力作用下，疲劳极限仅为静荷强度的 30%～40%。由于纤维与基体复合可缓和裂纹扩展及存在纤维内力再分配的可能性，因此碳纤维和芳纶纤维复合材料的疲劳极限较高，约为静荷强度的 70%～80%，并在破坏前有显著变形的征兆。

④重量：碳纤维材料的重量约为钢材重量的 1/5。

⑤与碳纤维板的比较：碳纤维片材可以粘贴在各种形状的结构表面，而板材更适用于规则构件表面。此外，由于粘贴板材时底层树脂的用量比片材多、厚度大，因此与混凝土界面的黏结强度不如片材。

（4）材料性能

碳纤维片是以碳纤维为组分，以树脂为基体，通过一定的成型方法形成的单向排列的碳纤维的复合片材。它具有极其优越的品质：材料轻质高强，碳纤维片的抗拉强度比同截面钢材高 7～10 倍，用环氧树脂将它与结构物粘贴后形成一体，能可靠地与钢筋混凝土共同工作，获得优异的补强效果，而结构物自重的增加几乎可以忽略；其抗疲劳强度高，耐久性能好，耐磨损、抗老化等。（注：设计厚度是按照碳纤维断面积推算出的，施工时用的片材含有集束用的预浸树脂、玻璃纤维网和衬纸，其厚度与设计厚度不同。）

（5）工具简介

1）基底处理工具

磨机：用于打磨混凝土表面。

錾子：用于剔凿混凝土表面松散部位的混凝土残渣。

钢丝刷：用于清除混凝土表面的不洁污渍。

2）粘贴碳纤维

调料容器：用于调和环氧树脂。

衡器：用于称量材料各组分的重量。

搅拌器：用于搅拌混合树脂材料。

刮板：修补凹凸不平处及粘贴碳纤维抚平用。

滚筒刷：用于涂刷树脂。

罗拉：用于碳纤维的脱泡和压紧。

3）检测类工具

靠尺：用于检查混凝土表面平整度。

塞尺：与靠尺配合使用。

温湿度计：用于测量大气温度、湿度。

小鼓锤：用于检查空鼓。

4）修补类工具

注胶器：用于向空鼓内注入黏结树脂。

割刀：用于割开空鼓处碳纤维片以便注入黏结树脂。

5）劳保类用品

劳保类用品包括工作服、工作帽、防护眼镜、防尘口罩、安全帽、胶手套等。

（三）墙体部分加固、修复

（1）墙体受压力损坏的加固技术

墙体受向下压力产生竖向裂缝，可采用钢筋加固墙体，钢筋的位置依墙体破损程度而定。另外，也可使用注射环氧树脂的方法加固，在表面充分干燥后刷环氧树脂一度，干燥后再刷一度。如需一定抗拉性，可在一度环氧树脂涂刷后，覆玻璃纤维布1层，干燥后再刷一度环氧树脂。

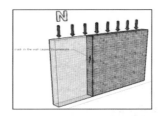 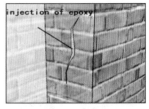

向下压力导致墙体受损　　　　　　注射环氧树脂

（2）墙体受扭力、拉力损坏的加固技术

墙体受扭力、拉力损坏时，可在墙体内部设钢筋进行加固。

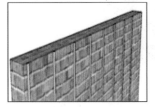 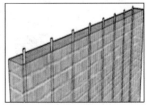

在墙表皮设钢筋　　　　　　在墙体内部设单排钢筋

（3）增加辅助墙体的加固技术

在墙体严重破损的情况下，可在墙体两侧增加钢筋网进行加固。

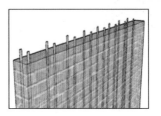

在墙体内部设双排钢筋

（4）替换部分墙体的技术

如果部分墙体损坏严重无法修复，应自下而上分层替换，在替换过程中，可利用竖向杆件支撑墙体的荷载及自重。

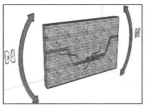

在墙体内部设钢筋

（5）浇筑混凝土板带技术

墙体墙面及拐角处出现多处较为严重裂缝，可采用浇筑混凝土板带形式进行加固处理：

①混凝土板带高度为一皮砖高度，长度为600mm（墙面平面为600mm，拐角处为300mm加300mm），厚度为墙体厚度减120mm（如墙体厚度为360mm，板带厚度为240mm），视裂缝情况间距为300～600mm；

②混凝土是强度等级为C20的膨胀细石混凝土，钢筋 $\phi6@250$，2～3$\phi6$（厚度≤240mm为2根钢筋，厚度≥360mm为3根钢筋）；

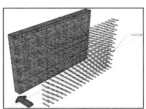 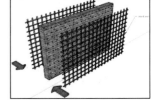

③拐角处增设混凝土板带为双面分楂施工；

④采用分部位随掏拆、随清理、随浇水湿润，每面墙自上而下逐层掏拆；

⑤混凝土板带背面凿毛，并且清理干净；

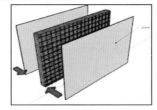

钢筋网加固

⑥掏拆完成后，首先放置绑扎好的钢筋并与砖墙固定；

⑦按照配比进行膨胀细石混凝土搅拌，并进行浇筑，必须饱满密实；

⑧待混凝土达到足够强度，再进行本墙体裂缝其他板带施工。

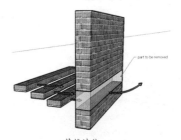

替换墙体

混凝土板带 1

混凝土板带 2

（6）门窗砖旋处理技术

原墙体门窗砖旋出现严重裂缝、松散，采用更换混凝土过梁形式进行加固：

①预制混凝土过梁，混凝土强度等级为 C20；

②按照洞口宽度选取相应的过梁，过梁根数根据墙厚选取，如墙厚为 360mm 选取 3 根、墙厚为 480mm 选取 4 根，以此类推，每增加墙厚 120mm 增设 1 根预制混凝土过梁；

③拆除原砖旋前先支顶牢靠，再剔活其两端支座的接槎；

④更换预制混凝土过梁施工过程中，做好支顶保护工作，确保安全；

⑤预制混凝土过梁上皮采用铁楔或捻缝与原墙背紧；

⑥过梁支座处松动的墙体，采用 M10 混合砂浆重新砌筑牢固；

⑦待混凝土过梁达到强度再进行拆模施工。先拆侧模，再拆底模。拆模时，要自上而下地轻轻撬动拆除，注意保持棱角完整。

（四）屋面部分加固、修复

由于庆王府建筑属于文物和风貌建筑，房屋本身年

久失修，本次整修聘请天津市房屋安全鉴定检测中心进行安全鉴定检测，由具有文物设计资质的天津大学建筑设计规划研究院根据《天津市重庆道 55 号房屋安全鉴定报告》中的结论"依据《民用建筑可靠性鉴定标准》(GB 50292—1999) 及国家现行规范中有关规定，考虑地基基础、上部承重结构现状及建筑物历史综合分析，进行必要的加固、修复并完善抗震构造措施"进行设计。

上人屋面由于长时间维修不到位大部分已破损，在查勘过程中发现始建时期上人屋面为瓷砖面层。此次维修中加固此屋面结构并铺设防水层后铺设瓷砖。

损坏的屋面面层

屋面防水施工

屋面瓷砖铺设

铺装后的屋面

外廊腐蚀严重

共享空间木屋架糟朽

封檐板糟朽、破损

二、病害防治专项设计

　　房屋建筑的病害通常是由于自然灾害和人为损坏两方面因素造成的，自然灾害包括地震、水灾、泥石流、山体滑坡、地下溶洞或土洞引起的地面塌裂沉陷、风以及龙卷风引起的水平荷载作用、环境中的有害气体及温度湿度变化引起的建筑物老化等。

　　本次庆王府工程主要存在自然因素造成的外檐水刷石腐蚀、共享空间木屋架糟朽以及躺沟及雨水管腐蚀严重等问题，属于人为因素的是局部三层屋顶由于架设无线接收天线造成结构破损严重。

架设无线接收天线造成结构破损严重1

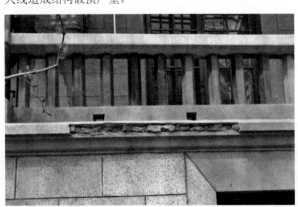

外檐水刷石腐蚀、脱落

架设无线接收天线造成结构破损严重2

第四节　防护方案及环境整治方案

一、防护设施设计方案

庆王府作为天津市市级文物保护单位和特殊保护等级的历史风貌建筑，整修过程中，按照"保护优先、合理利用、修旧如故、安全适用、有机更新"的整修原则，在尽可能保持庆王府原有风貌，保证建筑结构安全的前提下，在工程中设置了多种防护设施，使整修后的庆王府不但保持了原有风貌，还有机地结合了现代科学技术，使其焕发出新的生命力。

1. 给排水系统

庆王府原有给排水系统为老式铸铁管道系统，已较为老旧，基本瘫痪，且经常漏水，腐蚀破坏了木质楼板。因此，在此次整修改造过程中，考虑到今后的实际使用需要，重新设计、安装建筑内部的给排水系统，并采用新型节能环保管材，排水管采用UPVC塑料管，给水管采用PPR塑料管。由于采用耐腐蚀的塑料管且连接方式为黏结或熔接，因此比传统金属管材丝接或承插连接减小了漏水机率，保护了木质楼板。

在排水方式选择上，为尽量减少破坏楼体结构，主楼采用了国内先进的墙体隐蔽式同层排水技术。同层排水技术是指卫生器具排水管不穿过楼板，而排水横管在本层与排水立管连接的方式。与传统隔层排水方式相比，优点如下：首先，卫生器具的布置不受限制，可以根据使用需要灵活布置卫生器具；其次是排水噪声小，排水管布置在楼板上，被回填垫层覆盖后有较好的隔音效果，从而使排水噪声大大减小；最后是漏水几率小，卫生间楼板不被卫生器具管道穿越，减小了渗漏水的几率，也能有效地防止疾病的传播。其缺点是造价比较高。

2. 采暖空调系统

庆王府原有的采暖系统是20世纪20年代始建时设置的散热器热水采暖系统，使用至今依旧完好。系统管材为旧制铸铁管，散热器为中国早期铸铁暖气片，具有较高的人文价值。采暖管道暗敷在墙内。热源由地下室换热机房提供，通过与市政供热管道换热采暖。此次采暖系统改造

改造前卫生间

改造后给水管道

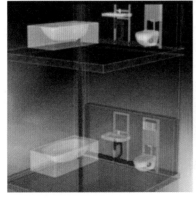

同层排水系统

同层排水施工

改造后卫生间

考虑到如果全部换成新型管材，则需对墙体进行大量剔凿，破坏了内檐风貌特征，而且对建筑结构破坏太大，对结构安全也造成很大威胁。由于原有系统运行良好，完全可以满足冬季采暖需要，因此最后经过多次专家会论证决定完全保留原采暖系统，继续使用。施工期间经历了一个采暖季，使用情况良好。主楼地下室内的换热机房管道设备老旧，腐蚀严重，存在一定安全隐患，此次改造对腐蚀严重的管道设备进行了更换，重新进行防腐施工并更换了保温层。

庆王府始建时期无空调及通风系统，后期使用过程中增设了普通壁挂式空调，严重影响建筑的统一性及整体美观性，使用功能较差而且不节能。对于空调方式的选择，风貌整理公司组织召开了多次空调专家会并做了详细的比较选择，既要"修旧如故"，保持建筑原有风貌特点，尽量少破坏外檐立面效果，占用室内空间，又要满足使用功能要求，因此在空调系统选择上受到很多限制，最后综合比较后选择了VRV中央空调。它的优点是占用空间小、质量轻、系统无水，不会因为系统泄漏破坏建筑结构历史风

貌特征和文物等。在室内机和风管安装时均设置了减震装置以减少震动。室外机设置位置尽量考虑设置在庭院内，受VRV系统管道高度和长度设置条件限制，只有主楼二层、三层空调室外机被设置在屋顶上，且做了减震措施，在最大限度上减少对楼体的破坏。

3. 消防系统

历史风貌建筑整修，防火是关键，但消防改造历来是一大难题。由于建筑年代久远，受当时科技发展水平所限，无论是防火分区设置还是消防设施等均存在很多与现行规范不符的情况。庆王府结构形式主要为砖木结构，其主体多为混凝土及砖砌筑，楼板、楼梯及屋顶多为木制结构。庆王府原有的消防设施只配备了灭火器，整修之后为了保证遵循"修旧如故"的原则，需要尽量保留这些木制结构，但木制结构对防火的要求很高，不能满足现行消防规范的要求，现行消防规范的具体要求也不适用于这座将近百年的历史风貌建筑。对此天津市历史风貌建筑保护委员会给予了大力支持，特设消防分组专门研究解决庆王府消防问

老式铸铁暖气片

改造前换热机房

空调室外机

改造前壁挂空调

新增 VRV 中央空调

题并多次召开专家专题会议。在有关专家和国家消防工程技术研究中心的大力帮助下，风貌整理公司结合现行相关消防规范并参考国内其他城市历史风貌建筑消防设计特点，最终确定了采用增设消火栓系统和火灾自动报警及广播系统这个方案。在主楼每层均设置室内消火栓并配有干粉灭火器；根据每个房间的具体使用功能的需要，分别设置了感烟探测器或感温探测器；在各层的走道及主要出入口处设置了消防广播音响、手动报警器、火灾声光报警装置、疏散指示灯、应急照明及消防电话等各种疏散报警设备，大大提高了建筑的消防安全等级。在发生火灾的情况下，只要烟雾的浓度或室内的温度达到报警的程度，感烟、感温探测器就能发出报警信号，并传送到消防报警中心的主机上，值班人员发现报警信号后立即通知安保人员及时到达报警地点进行检查，在确认发生火情时及时采取相应的消防措施，消除火险，保证人员伤亡及财产损失能控制在最小的程度。当现场的火情较为严重时，消防报警中心值班人员可以启动消防广播及声光报警装置，发出声、光

信号，提醒在楼内的人员及时撤离现场，沿着消防通道疏散到安全地点。同时，启动消防联动系统，切断动力电源，将电梯迫降到一层并打开电梯门，避免因为火灾造成供电系统和人员的更大损失。考虑到尽量不破坏建筑结构安全和保护建筑内部历史风貌特征，没有设置自动喷淋系统。

4. 强弱电系统

庆王府在整修之前是天津市人民政府外事办公室的办公场所，外事办在庆王府内安装了很多为了满足日常办公用及信息通信需要的设备和管线，而且是陆续明装的，所以各种管线杂乱无章，随意架设，不但影响美观，而且存在很大的安全隐患。所以在这次整修计划中，计划将这些管线和设备全部拆除，根据整修后的使用功能的需要整体统一设计后重新进行隐蔽安装。线缆全部统一安排采用桥架或穿管暗敷的形式安装，这样既能保证线路的敷设安全可靠，又满足了建筑整体美观的要求。同时，在庆王府内增加了弱电系统方面的设计，包括电话网络系统、安防监控系统等。弱电机房被设置在北侧附属楼的主入口处，由安保值班人员值守。在主楼及附属楼的重要房间都预留电话网络的面板，保证日常的需要。同时在主楼的大厅及庭院中还设置了无线网络覆盖，这样就可以使庆王府的每个房间每个角落都能覆盖网络，满足现代网络信息通信的需要。在楼体内外各层和庭院中安装彩色视频监控摄像机，对公共区域和重点房间进行24h实时监控，保证庆王府的整体安全。庆王府中现存部分当时遗留下来的老物品，对于研究当时历史有很高的价值，而且整修后的庆王府将会成为人们游览、参观、休憩的公共场所，所以这些方面都要求必须要有一个良好的安全环境作为前提。这些监控摄像机可以记录全部公共区域的图像信息，监控人员可以通过监控画面及时发现现场的各种情况，并及时上报主管部门采取相应的应急措施，保证人员和财产的安全。

在建筑物的防雷接地方面，风貌整理公司还进行了防雷接地设施的设计安装。庆王府主楼共3层且设有地下室，根据现行电气规范按三类防雷建筑设置防雷设施。建筑物利用避雷带作为防雷接闪器。避雷带采用 ϕ12镀锌圆钢沿屋脊屋檐明设，防雷引下线采用 ϕ12镀锌圆钢沿外墙引下，人工接地极做防雷接地极，避雷带相交处相互焊接，电气与防雷共用（联合）接地装置，凡突出屋面的所有金

庆王府原有灭火器

消火栓系统

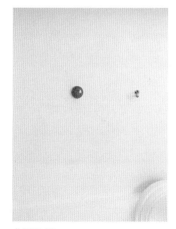
感烟探测器

手动报警器

疏散标识

天津市人民政府外事办公室

引下线

原有电气线路

管线暗敷

避雷带

属构件，如金属通风管、屋顶风机、金属屋面、金属屋架等均与屋面避雷网可靠焊接。这样可以有效防止因雷电、雷击导致的建筑物外部损害及因电磁感应电流对各种弱电设备和电气设备造成损伤。

二、基础设施改造方案（大小配套）

基础设施主要包括大市政、四源工程及房屋内的配套等。其中，大市政与四源工程及房屋内配套以市政红线划分。红线外道路、水、电、气、热、通信等的施工及管线铺设等均属于大市政范围，也就是人们俗称的"大配套"；红线内的自来水、煤气、供热和污水处理等均属于四源工程；而四源工程和房屋内的配套施工就是人们俗称的"小配套"。

1. 大配套

大配套是指红线外道路、水、电、气、热、通信等的建造、管线铺设等施工。本次整修根据庆王府使用功能进行了电力增容、给排水改造、煤气改造及采暖改造等。

2. 小配套

小配套是指四源工程和房屋内的配套施工。本次整修根据庆王府的使用功能进行了给排水改造、电气改造、采暖系统改造，增加了空调系统、电梯工程等。

（1）给排水改造

原有的给排水系统，在常年超负荷使用的情况下，已经基本瘫痪。在维修过程中，对这一系统进行了重新设计。设计中考虑到今后使用需要，在楼内重新安装上下水系统，并在院内增设化粪井。

（2）电气改造

原有的电气系统，仅限于照明及使用者简单的生活需

新铺设排水管道

新增化粪井

卫生间洁具安装

洁具安装完毕

求，且线缆零乱，多为 1.5～2.0 的铝芯导线，无法满足今后使用功能的需要。在维修过程中，根据规范要求对电气系统进行了重新设计，增设变电站、弱电系统。

（3）采暖系统改造

庆王府始建时期存在单一系统锅炉供暖，新中国成立后改为集中供暖，地下室添设了周边区域的一个换热站，但经长时间使用管路及散热器已严重老化及腐蚀。此次维修全面系统检查并完全维修损坏及老化部位，使其完全达到使用功能。

（4）增设空调系统

建筑始建时期无空调及通风系统，后期使用过程中增设普通壁挂式空调，严重影响建筑的统一性及整体美观性，使用功能较差。在维修过程中，安装 VRV 变频一拖多空调系统，终端采用旋流风口和线性风口等高新产品，满足使用功能及室内、外檐美观性。

（5）增设电梯

考虑可逆性原则，增设无障碍设施——外檐观光电梯；满足今后使用功能要求，增设食梯两部。

增设电气控制柜

新做电气系统

灯具的安装　　　　　　　　　　　暖气片的整修　　　　　　　　　　　暖气片整修后

整修前的空调室内、室外机

食梯的安装

外跨电梯的安装

三、环境整改及绿化设计方案

伴随着人们生活水平的提高，人们对生存环境质量的要求也不断提高，园林绿化工程的作用也从过去单纯的美化环境扩展为环境保护、净化空气、调节气候、保持生态平衡、推进社会发展等多个方面。

在对庆王府进行园林景观设计前对遗留下来的庭院进行仔细的分析和查勘，发现原先的庭院设计未做到规划先行，而是见缝插针、蜻蜓点水；其次是绿地的植物品种结构趋向单一，缺乏生态学指导；植物配置"千篇一律"，未做到"春花、夏荫、秋果、冬树"；园林缺乏艺术水准，美感不强，文化内涵平淡，庭院内原有水系枯竭，假山堆砌杂乱。

在工程规划设计阶段，注重整个绿化工程的协调、均衡布局。突出"点状"和"线状"的绿化，形成主体鲜明、功能完善的园林精品景点和具备延续性、扩展性的绿化景观，打造特色鲜明、主体突出，同时与本地气候、风俗等相融合的绿色生态景观，扮靓整个庆王府又不失新意。园林设计的中心就是人在自然中生活，自然更贴近人，使大家认识到植物生态环境的存在与发展是人类文明的标志。这样以研究人类与自然间的相互作用及动态平衡为出发点的生态园林设计思想便开始逐步形成并迅速扩张。生态园林主要是指以生态学原理（如互惠共生、化学互感、生态位、物种多样性和竞争等作用）为指导而建设的绿地系统。

在此系统中，乔木、灌木、草本和藤本植物被因地制宜地配置在一个群落中，种群间相互协调，有复合的层次和相宜的季相色彩，其不同生态特征的植物能各得其所，从而可以充分利用阳光、空气、养分、水分、土地、空间等环境资源，彼此之间形成一种和谐、有序、稳定的关系，进而塑造一个人类、动物、植物和谐共生、互动的生态环

庭院

池塘

池塘和假山

庭院植物

庭院植物单一

路面铺装颜色单一

境。随着城市园林建设的迅速发展，人们对于植物对城市生态环境的作用有了进一步认识。建设生态园林是园林发展的必然方向，即在园林建设当中，模仿自然生态景观，通过艺术加工，创造出既美丽又具有降尘、降噪、放出氧气等多种生态功能的园林景观。一些具体的做法，如在园林中减少小品、道路、广场等，以植物造景为主，增加群落景观在园林中的应用。

在庆王府园林规划设计中的色彩景观最重要的就是把园林景观中的天空、水系、石景观、绿色植物、小品规划、地面铺装等色彩的物质载体进行自由搭配，以达到理想中的色彩搭配效果。在按照色彩景观设计原则进行色彩景观设计时不仅要考虑到国家与民族的风俗和喜好、文化和宗教信仰的影响、光线的变化、气候因素和新型材料的性质等，同时也要考虑到使用中场地性质对于色彩景观的需求及使用者的兴趣、偏好等。

经过充分论证的设计，并非十全十美，或无可辩驳不可更改的，应该留有选择余地，同时尽管原理相同，不同人的风格也不同，形式也有差异，都有可取之处。设计尽管经过论证，亦难免有忽视或不当之处，将自己的设计方案及论证拿出来供建设单位及同行研究，对其进行修改、补充、删除，吸收别人合理的意见，最后尽可能地完善设计方案，在实施中才能达到具有可操作性的理想效果。

总之，对园林设计论证应加强其管理，规范其内容，使其制度化，与设计一同受到重视，相互结合，有效地对设计形成补充，完善设计工作，保证设计的科学性和可行性。

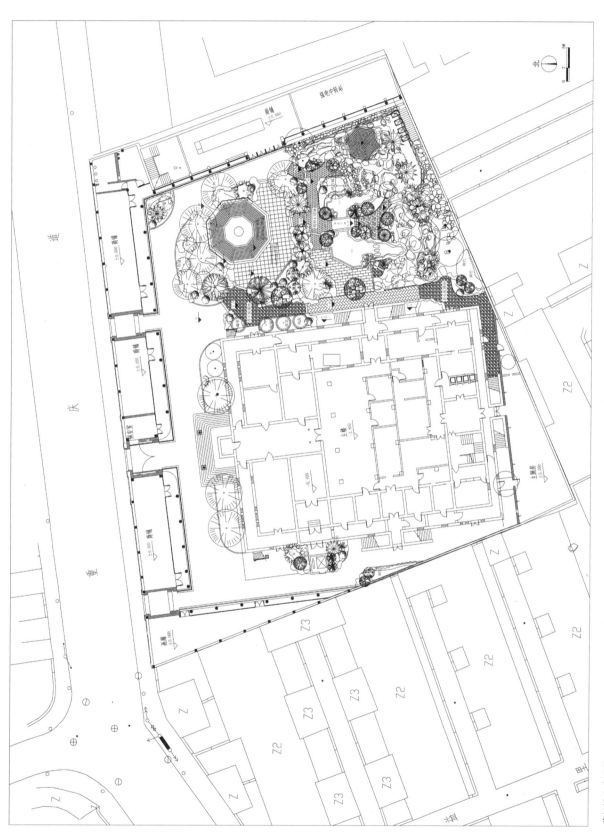

草坪绿化平面图

第四章　工程管理规划与质量保证体系

第一节　工程管理规划与组织

一、工程管理规划

本工程以庆王府外墙为界，严格保护。建设控制地带东至新华路，南至大理道，西至河北路，北至尚友村—和安里—济厚里。

建设控制地带内以原状保护为主，对与文物建筑及历史风貌有冲突的新建筑，可采取引导性拆除。新建建筑应在体量、尺度、色彩、材质及建筑形式上与相邻建筑协调，并服从于《天津市五大道历史文化街区保护规划》的要求。

1.修缮原则和标准

庆王府文物修缮工程应贯彻保护为主、抢救第一、合理利用、加强管理的方针。严格遵守"不改变文物原状"的原则，全面保存和延续庆王府作为文物的真实历史信息和价值，保存其原来的建筑形制、建筑结构和建筑材料及原来的工艺技术。遵循国际、国内公认的保护准则，按照真实性、完整性、可逆性、可识别性和最小干预性等原则，保护文物本体及与之相关的历史、人文和自然环境。

不得改变庆王府建筑的外部造型、饰面材料和色彩，不得改变其内部的主体结构、平面布局和重要装饰。

根据《古建筑木结构维护与加固技术规范》（GB 50165—1992），对庆王府采取经常性保养工程和局部重点维修工程相结合。中修，即需要牵动或拆换少量主体构件，保持原有房屋的规模和结构。

2.功能定位和目标

庆王府修缮后，将成为集展示、社交、休闲、聚会等多种功能于一体的高档俱乐部，主楼以餐饮、聚会功能为主，附属楼除设有历史文化展室，还提供红酒、咖啡、雪茄和阅览等社交场所。按照《中华人民共和国文物保护法》和《天津市历史风貌建筑保护条例》等法律法规，对庆王府进行结构加固、历史风貌特征复原，并依据当代使用需求更新设备设施，使修缮后的庆王府兼具深沉大气的历史底蕴与高品质的现代化设施和服务，成为天津对近代文物建筑进行全面保护和有效利用的又一成功范例。

二、工程管理组织

建立建设单位、设计单位、专家组合作团队，及时进行技术方案的讨论，技术上有疑义的地方及时沟通。施工现场建立现场管理体系，由风貌整理公司、天津大学建筑设计院、天津市方兴工程建设监理有限公司、天津华惠安信装饰工程有限公司、上海设府设计及相关管理部门组成。此管理体系主抓施工现场、施工进度、工程材料管理。

工程开工前由建设单位工程开发部明确项目责任人，项目接任后，必须熟悉所接任项目的招标文件、设计图纸、工程现场情况，拟订施工队伍进场计划和现场准备措施并做好现场文明施工维护工作。

工程动工后及时组织召开每周工程例会，协调施工、监理、设计、专家组、建设单位五方日常管理和技术管理中的各项事务。形成统一做法，安排落实方案，传达建设单位《第一次工地会议议程制度》《工程项目现场管理制度》《监理工作管理制度》《驻地监理工作考核制度》《历史风貌保留项目制度》《工程质量管理制度》《工程质量问题（事故）处理制度》《安全管理制度》《施工用水、电管理制度》《工程技术资料及施工图表签报程序制度》《工程施工现场签证管理办法》等各项管理制度。

严格执行各项管理制度，强化工程节点进度计划考核和每月20日的监理工作日常考核。

建设单位加强日常巡查，纠正施工、监理工作的错误行为。协调配合施工单位做好土建施工。参加各分部分项工程的验收，协调政府行政管理部门的质检安检活动，核签各分部分项验收工程的资料。

项目管理人员必须严格要求自己，努力学习，积极工作，不断提高自身项目管理素质，认真细致地分类收集下述备查报表：①监理工作规划和监理月报；②工程周例会纪要和工程缺陷统计报表；③原始测量记录；④工作联系函及工程标外签证单。

天津市领导、房管局领导、文物局领导、公司领导、国内外专家及各个参建单位协商施工做法 1

天津市领导、房管局领导、文物局领导、公司领导、国内外专家及各个参建单位协商施工做法 2

施工前细致安排施工计划，以安排工程计划进度为原则，加强施工协调，安排交叉施工，避免施工高峰，从而有利于施工搭接。

组织做好各有关工种的中间验收工作。做好工程现场标准化管理。在工程实施过程中，必须遵守文明施工、环保施工、安全生产各项规定。根据施工总进度，分阶段调整施工现场平面布置图。根据施工通道及场地按计划进料，尽量避免施工高峰时材料对施工场地的占用。

三、工程程序计划

1. 工程程序计划

①首先，经现场查勘及合作专家团队论证，确定庆王府修缮工程中所需保留的项目（如壁炉、门窗、玻璃、五金、地板、彩绘、木作、外檐形式等），施工前制定行之有效的保留措施。施工过程中，首先进行主体加固施工，加固施工完毕后再进行楼内装饰装修工程施工。楼内装饰装修工程施工完毕后，进行楼内配套设施的更新施工。最后进行庆王府院落的整体施工。

②该工程层数为2层（局部3层且设有地下室），砖木结构。分部工程分为拆改工程、加固工程、门窗安装工程、楼地面工程、屋面工程、地下室工程、油漆粉刷工程、装饰装修工程等。

③抹灰工程由内至外施工，室内抹灰由上而下施工。

④木门窗拆换、维修工程由上而下施工。

⑤楼地面施工自上而下施工。

⑥屋面防水工程分为两个施工段：拆换檩条、柱梁并进行防腐防火处理为第一个施工段，铺装屋面面层及铺设露台为第二个施工段。地下室防水在施工的中后期进行。

⑦油漆粉刷工程：由三层至一层的施工顺序。

⑧配合各分项工程，层内可以穿插进行装饰装修工程施工，先进行综合布线及水、电管线施工，再进行装修工程施工，尽量避免出现后期剔凿及返工现象，以保证各工序的顺畅进行。

2.工程时间、进度计划

①按施工阶段分解，突出控制节点。以关键线路为主要线索，以网络计划中心起止为控制点，在不同施工阶段确定重点控制对象，制定施工细则，以确保控制节点的顺利完成。

②按专业工种分解，确定交接时间。在不同专业和不同工种的任务之间，要进行综合平衡，并强调相互间的衔接配合，确定相互交接的日期，强化工期的严肃性，保证工程进度不在本工序造成延误。通过对各道工序完成的质量与时间的控制，保证各分部工程进度的实现。

③按总进度网络计划的时间要求，将施工总进度计划分解为月度和周等不同时间控制单位的进度网络计划。在工程施工总进度计划的控制下施工，坚持逐周编制出具体的工程施工计划和工作安排，并对其科学性、可行性进行认真的推敲。

④工程计划执行过程，如发现未能按期完成工程计划，必须及时检查分析原因，立即调整计划和采取补救措施，以保证工程施工总进度计划的实现。

⑤各级管理人员做到"干一观二计划三"（即干一件事情，观察两件事情，计划三件事情），提前为下道工序的施工，做好人力、物力和机械设备的准备，确保工程一环扣一环地紧凑施工。对于影响工程施工总进度的关键项目、关键工序，主要领导和有关管理人员必须跟班作业，必要时组织有效力量，加班加点突破难点，以确保工程总进度计划的实现。

⑥在施工生产中影响进度的因素纷繁复杂，包括设计变更、施工技术、机械、材料、人力、水电供应、气候、施工组织协调等等。要想保证目标总工期的实现，就要采取各种措施预防和克服上述影响进度的诸多因素，从技术措施入手是最直接有效的途径之一。采用先进的工艺，扩大成品或半成品的作业区外加工。缩短工时，减少技术间歇，实行平行流水作业和立体交叉作业，并结合季节的特点，编制施工技术措施，按网络计划确定各区域、各部位的最短施工时间。

⑦在保证工程劳动力需求的条件下，优化对工人的技术等级、思想、身体素质等的管理与配备。流水作业方式以均衡流水为主，以利于施工组织，对关键工序、关键环

节等影响工程工期的重要环节配备足够的施工劳动力。根据施工现场的实际情况，及时调整各作业面的施工力量，并根据需要增加作业班次，通过扩大作业面以及采取连续施工的方法，确保进度计划的准确完成。

⑧配备足够的施工机械，不仅满足工程正常施工使用需求，还要保证有效备用。另外，要做好施工机械的定期检查和日常维修，保证施工机械处于良好的状态。

第二节 工程质量保证体系

按照国际标准化组织颁布的ISO 9001质量标准，建立起一套行之有效的规范化的质量保证体系。该体系囊括了从工程项目的投标、签订合同到竣工交付使用，再到交工后保修与回访的全过程。该体系以程序文件为日常工作准则，以作业指导书为操作的具体指导，所有质量活动都有质量计划并具体反映到质量记录中，使得施工过程标准化、规范化、有章可循、责任分明。

建立以总监理工程师为首的质量监督检查组织机构，以监理单位为基础建立三级质量管理体系：一级是由总监理工程师组织设计单位及有关人员参加施工方案的确定；二级为现场监理专项工程师质量保障体系；三级为施工单位自身质量保障体系。

推行施工现场项目经理负责制，用严谨的科学态度和认真的工作作风严格要求自己。正确贯彻执行各项技术政策及施工方案，科学地组织各项技术工作，建立正常的工程技术秩序，把技术管理工作的重点集中放到提高工程质量、缩短建设工期和控制施工造价的具体技术工作上。

建立健全各级技术责任制，正确划分各级技术管理工作的权限，使每位工程技术人员各有专职、各司其事、有职、有权、有责。充分发挥每一位工程技术人员的工作积极性和创造性，为本工程建设发挥应有的骨干作用。

建立施工组织设计审查制度，工程开工前，对风貌整理公司技术主管部门及团队批准的单位工程施工组织设计进行落实。对于重大或关键部位的施工及新技术、新材料的使用，施工单位提前一周提出具体的施工方案、施工技术保证措施，鉴定证明材料呈报监理主管工程师审批。监理主管工程师组织团队进行审批，审批确定后安排施工单

位进行施工。

各施工单位必须编制分项工程作业设计或施工方案，由施工单位报甲方、监理及合作团队审核后实施，方案必须符合工程总体质量目标要求。

建立严格的奖罚制度。在施工前和施工过程中项目负责人组织有关人员，根据有关规定，制定符合本工程施工的详细的规章制度和奖罚措施，尤其是保证工程质量的奖罚措施。对施工质量好的作业人员进行重奖，对违章施工造成质量事故的人员进行重罚，不允许出现不合格品。

建立健全技术复核制度和技术交底制度，在认真组织进行施工图会审和技术交底的基础上，进一步强化对关键部位和影响工程全局的技术工作的复核。工程施工过程，除按质量标准规定的检查内容进行严格的复查、检查外，在重点工序施工前，必须对关键的检查项目进行严格的复核。

坚持"三检"制度，即每道工序完成后，首先由施工作业班组提出自检，再由施工员项目经理组织有关施工人员、质量员、技术员进行互检和交接检，检查合格后监理及建设单位相关人员进行检查。

为了确保工程质量达到优质标准，每周至少定期一次由监理组织甲方、承包单位和各分包单位责任人参加质量检查，对各施工单位本周完成的工程质量进行评定，对不合格工程或质量隐患下达整改指令，限期纠正，并进行跟踪验证。将评定结果在周项目例会上通报。

优化施工顺序，防止上道工序污染下道工序，如先做门窗油漆，后装五金零件等。所有成品、半成品都要采取适当的保护措施，防止污染。在涂刷内墙面和屋顶涂料前，对地面、窗台和踢脚线等先遮盖塑料薄膜等物。

各分项分部工程所用原材料、成品、半成品必须符合国家相关质量检验标准、设计和相关合同文件要求，材料进场时，需提供产品合格证和有效质量证明文件。对于进场材料（水泥、砌体、钢材、防水材料、木构件、门窗、油漆管件等）严格进行复试。

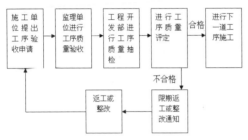

工序质量控制管理程序图

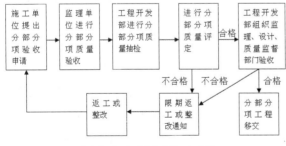

分部分项工程质量控制管理程序图

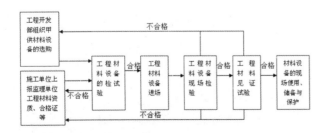

工程材料设备质量控制管理程序图

第五章 庆王府的修缮

第一节 结构修缮施工组织

一、施工准备

由于庆王府的文物和风貌建筑的双重身份，在开工前风貌整理公司针对建筑的历史元素进行了专项的统计及防护方案的制定工作，同时针对其中缺失部分的材料提前进行寻访以便后期复制恢复工作的开展。在开工初期，进行了充分的防护方案及施工方案的交底工作，并以历史元素的防护施工开头，在充分做好重点部位及元素的防护之后再全面启动工程的正常施工。下面就历史元素的统计、材料储备和防护工作进行介绍。

（一）历史元素的统计工作

1. 老家具统计工作

开工前，针对留存下来的老家具进行统计并明确各个老家具的具体位置。

2. 老灯具统计

开工前，风貌整理公司对庆王府留存老灯具进行了分层统计。

3. 老开关、插座统计

开工前，对庆王府留存老开关、插座进行分层统计。

4. 五金件统计

整修前，根据相关规定对庆王府的留存五金件进行了详细、周密的完损情况调查。

通过现场查勘，庆王府五金件主要存在以下问题：多数门窗保留原物，五金件大多丢失或被更换。原始物件缺失极其严重。针对现场平面布局，采取"定编号"的方法，进行五金件的记录，系统地对门窗上面的五金件进行保护。

基础工作的第一步是为这些五金件编号，并在实物上一一标注。特别是门窗上面的五金件，由于历史风貌建筑整修的过程中，门窗往往会被先拆下来移往其他处保管，因此在实物上一一标注编号是必需的。

根据《天津市历史风貌建筑保护条例》及现行规范的要求，对历史风貌建筑应严格执行保护的原则。为更好地维护建筑的日常使用，对其进行保护和维修是必需的，根

表20 一层老灯具查勘记录表

序号	房间号	型号	完损程度	照片
1-D-1	101	吸顶灯	完好	
1-D-2	大门	壁灯	完好	
1-D-3	大门	壁灯	完好	

表21 二层老灯具查勘记录表

序号	房间号	型号	完损程度	照片
2-D-1	219	壁灯	完好	
2-D-2	219	壁灯	完好	
2-D-3	218	壁灯	完好	
2-D-4	218	壁灯	完好	
2-D-5	225	吸顶灯	完好	
2-D-6	内走廊	宫灯	完好	
2-D-7	内走廊	宫灯	完好	

2-D-8	内走廊	宫灯	完好	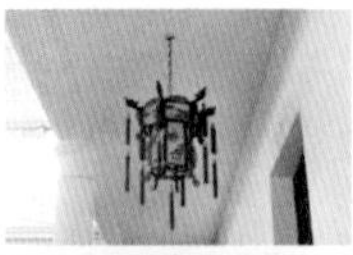
2-D-9	内走廊	宫灯	完好	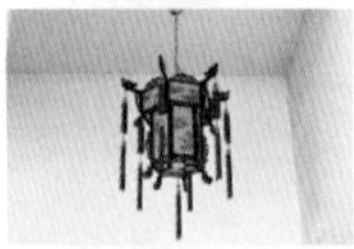
2-D-10	内走廊	宫灯	完好	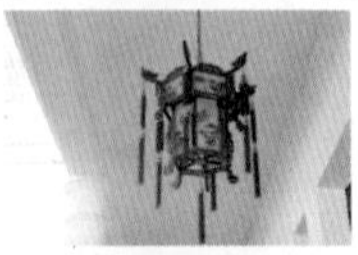
2-D-11	内走廊	宫灯	完好	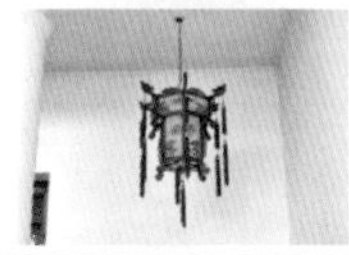
2-D-12	内走廊	宫灯	完好	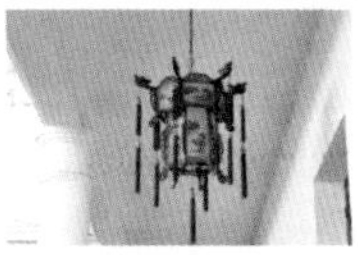
2-D-13	内走廊	宫灯	完好	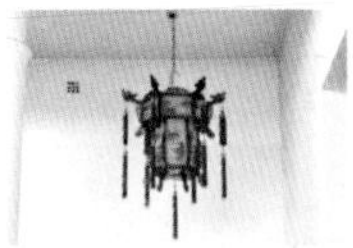
2-D-14	中央	宫灯	完好	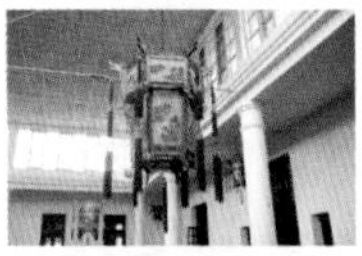
2-D-15	中央	宫灯	完好	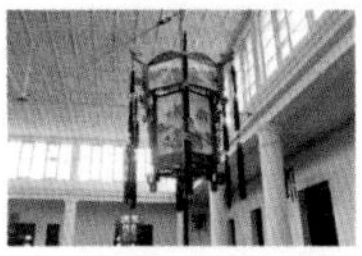
2-D-16	中央	宫灯	完好	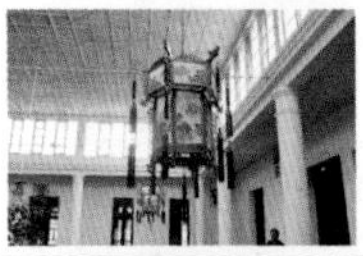
2-D-17	中央	宫灯	完好	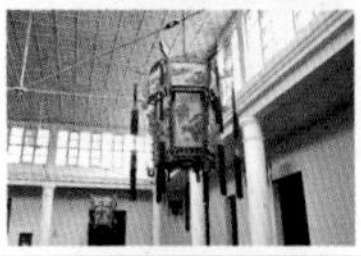
2-D-18	中央	吊灯	完好	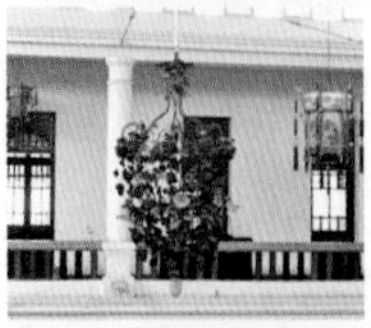
2-D-19	中央	吊灯	完好	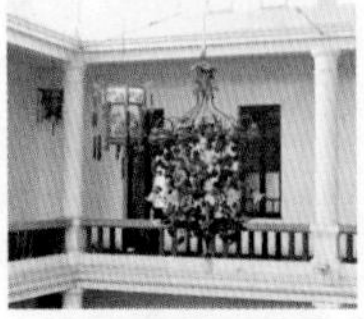

2-D-20	二层主楼梯	壁灯	完好	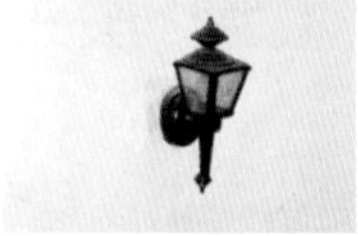
2-D-21	二层主楼梯	壁灯	完好	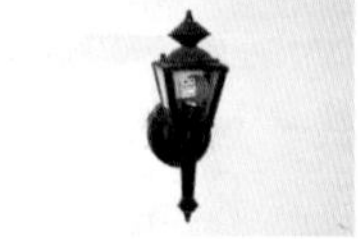

表 22　三层老灯具查勘记录表

序号	房间号	型号	完损程度	照片
3-D-1	301	吊灯	完好	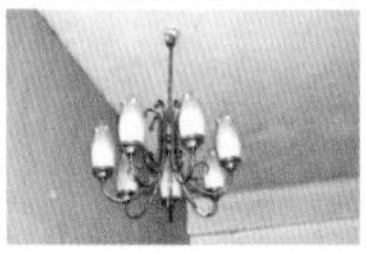
3-D-2	301	壁灯	完好	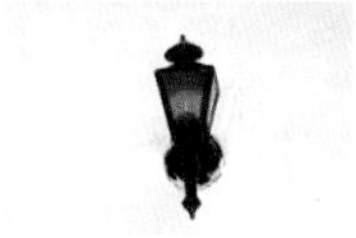
3-D-3	301	壁灯	完好	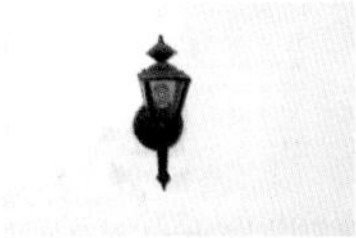

表 23　外廊老灯具查勘记录表

序号	房间号	型号	完损程度	照片
W-D-1	一层	吸顶灯	完好	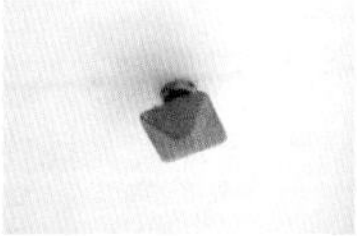
W-D-2	一层	吊灯	完好	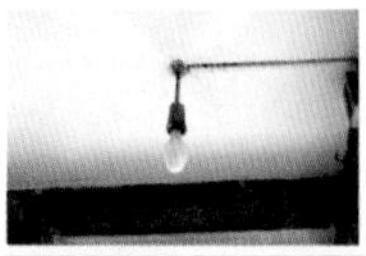
W-D-3	一层	吸顶灯	完好	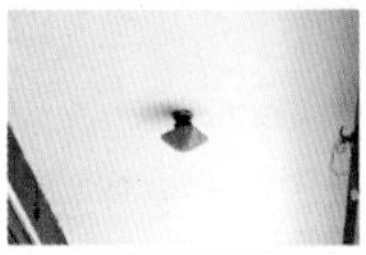
W-D-4	一层	吊灯	完好	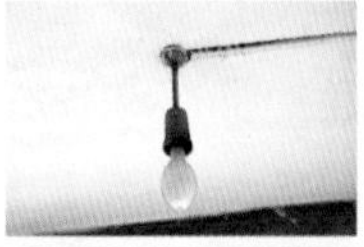
W-D-5	一层	吸顶灯	完好	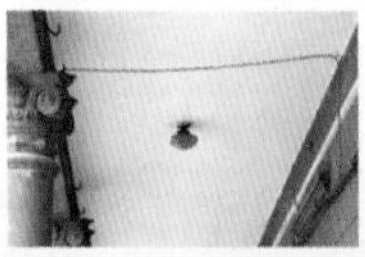
W-D-6	一层	吸顶灯	完好	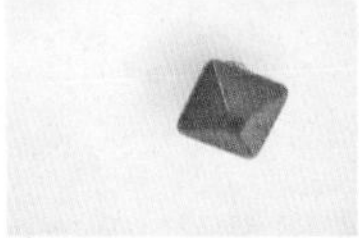

续表23

W-D-7	一层	吸顶灯	完好	
W-D-8	一层	吊灯	完好	
W-D-9	一层	吸顶灯	完好	
W-D-10	二层	吸顶灯	完好	
W-D-11	二层	吸顶灯	完好	
W-D-12	二层	吸顶灯	完好	
W-D-13	二层	吸顶灯	完好	

根据现场查勘情况，可按以下三种措施进行修复。

①原样保留：指完全保留其原貌，无须更换，但须进行表面清洁等工作。

②按原样修复：指轻微损坏，只须进行简单的更换零件即可复原。

③按原样恢复：指损坏较严重，须按原样式原材质复制，重新恢复。

清洗五金件是历史风貌建筑整修中的一个特殊环节，清洗需要花费大量的时间、精力和金钱。先将从窗户上拆卸下来完好的五金件分层次摆放，采用丙酮、硝酸、除漆剂等溶剂进行清洗，然后打磨，完成清洗。

在后期施工中，为了去除五金件上残存的各种油漆污渍，建筑工人将调配的清洁剂均匀地涂抹在五金件上，该清洁剂的配方是将氢氧化钙溶解在水中，与一种特殊的软肥皂混合均匀，静置1h后，即可清除油漆污渍。如果一道不够干净，则可追加一道甚至两道，直至彻底清除油漆污渍为止。

拆卸下来的五金件

逐一摆放的五金件

采用除漆剂清洗五金件

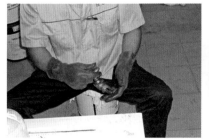

建筑工人正在清洗五金件

清洗完成的五金件

添配缺失五金件

安装完成的五金件 1

安装完成的五金件 2

表 24　庆王府五金件统计表

类别	名称	规格（长*宽）cm	照片举例	照片出处	现存	缺失	应有	备注
合页	刀子合页（门）	13*1.5		二层M1纱扇	574	62	636	
	普通合页	11*3		二层M1	1238	408	1624	
	刀子合页（窗）	16*3		一层C37	4	0	4	
	大合页	20*5		一层M4	12	0	12	
风钩	钩	12.5		二层M1	345	313	658	
	环	3*3		二层M1	345	313	658	

门锁	类别1	25*7		二层M1	1	2	3	
	类别2	10.8*3		二层M1纱	5	1	6	
	类别3	20*4		二层M3	62	34	96	
飞行插销	飞行插销	6*3		二层M7、二层M15	122	20	142	
普通插销	小插销	14.5*3		二层C19	255	234	489	
	中插销	18*3		二层C19	111	8	119	
	长插销	72*3		二层C19	142	10	152	
天地插销	规格1	270*3		二层M4	36	6	42	大小箍各6个
	规格2	160*3		二层C3	72	10	82	大小箍各20个
把手	把手	16*3.7		二层M39	8	110	116	
铜挂件	铜挂件	4*1.5		二层C24	108	300	408	

表25　庆王府五金件定编号方法

编号类型	编号方法
天地插销编号	按照平面图编号为基准，窗开向哪个房间，则以那个房间来为窗（C）定编号。例如：101 C1-1，101 C1-2，101 C1-3，依此类推。101为平面图房间编号，C（chuang）表示窗，编号时用大写字母C表示，数字1为天地插销数量 按照平面图编号为基准，门开向哪个房间，则以那个房间来为门（M）定编号。例如：101 M1-1，101 M1-2，101 M1-3，依此类推。101为平面图房间编号，M(men)表示门，编号时用大写字母M表示，数字1为天地插销数量
大插销编号	按照平面图编号为基准，窗开向哪个房间，则以那个房间来为窗（C）定编号。例如：101 C1-1，101 C1-2，101 C1-3，依此类推。101为平面图房间编号，C（chuang）表示窗，编号时用大写字母C表示，数字1为大插销数量 按照平面图编号为基准，门开向哪个房间，则以那个房间来为门（M）定编号。例如：101 M1-1，101 M1-2，101 M1-3，依此类推。101为平面图房间编号，M(men)表示门，编号时用大写字母M表示，数字1为大插销数量
小插销编号	按照平面图编号为基准，窗开向哪个房间，则以那个房间来为窗（C）定编号。例如：101 C1-1，101 C1-2，101 C1-3，依此类推。101为平面图房间编号，C（chuang）表示窗，编号时用大写字母C表示，数字1为小插销数量 按照平面图编号为基准，门开向哪个房间，则以那个房间来为门（M）定编号。例如：101 M1-1，101 M1-2，101 M1-3，依此类推。101为平面图房间编号，M(men)表示门，编号时用大写字母M表示，数字1为小插销数量
普通合页	按照平面图编号为基准，窗开向哪个房间，则以那个房间来为窗（C）定编号。例如：101 C1-1，101 C1-2，101 C1-3，依此类推。101为平面图房间编号，C（chuang）表示窗，编号时用大写字母C表示，数字1为普通合页数量 按照平面图编号为基准，门开向哪个房间，则以那个房间来为门（M）定编号。例如：101 M1-1，101 M1-2，101 M1-3，依此类推。101为平面图房间编号，M(men)表示门，编号时用大写字母M表示，数字1为普通合页数量
刀子合页	按照平面图编号为基准，窗开向哪个房间，则以那个房间来为窗（C）定编号。例如：101 C1-1，101 C1-2，101 C1-3，依此类推。101为平面图房间编号，C（chuang）表示窗，编号时用大写字母C表示，数字1为刀子合页数量 按照平面图编号为基准，门开向哪个房间，则以那个房间来为门（M）定编号。例如：101 M1-1，101 M1-2，101 M1-3，依此类推。101为平面图房间编号，M(men)表示门，编号时用大写字母M表示，数字1为刀子合页数量
风钩	按照平面图编号为基准，窗开向哪个房间，则以那个房间来为窗（C）定编号。例如：101 C1-1，101 C1-2，101 C1-3，依此类推。101为平面图房间编号，C（chuang）表示窗，编号时用大写字母C表示，数字1为风钩数量 按照平面图编号为基准，门开向哪个房间，则以那个房间来为门（M）定编号。例如：101 M1-1，101 M1-2，101 M1-3，依此类推。101为平面图房间编号，M(men)表示门，编号时用大写字母M表示，数字1为风钩数量
铜三角	按照平面图编号为基准，窗开向哪个房间，则以那个房间来为窗（C）定编号。例如：101 C1-1，101 C1-2，101 C1-3，依此类推。101为平面图房间编号，C（chuang）表示窗，编号时用大写字母C表示，数字1为铜三角数量 按照平面图编号为基准，门开向哪个房间，则以那个房间来为门（M）定编号。例如：101 M1-1，101 M1-2，101 M1-3，依此类推。101为平面图房间编号，M(men)表示门，编号时用大写字母M表示，数字1为铜三角数量
门锁	按照平面图编号为基准，窗开向哪个房间，则以那个房间来为窗（C）定编号。例如：101 C1-1，101 C1-2，101 C1-3，依此类推。101为平面图房间编号，C（chuang）表示窗，编号时用大写字母C表示，数字1为门锁数量 按照平面图编号为基准，门开向哪个房间，则以那个房间来为门（M）定编号。例如：101 M1-1，101 M1-2，101 M1-3，依此类推。101为平面图房间编号，M(men)表示门，编号时用大写字母M表示，数字1为门锁数量

5. 老暖气系统统计

开工前，对庆王府留存的老暖气进行分层统计，并描绘了系统图。

6. 琉璃柱统计

开工前，对庆王府留存的琉璃柱进行分层统计。

7. 喷泉及园林统计

开工前，对院内的喷泉及园林树木进行统计。

8. 奇石统计

开工前，对院内的奇石进行统计。

表26　庆王府一层老暖气查勘记录表

编号	房间号	完损程度	照片
NK-1	102	完好	
NK-2	102	缺少把手	
NK-3	103	完好	
NK-4	103	完好	
NK-5	104	完好	
NK-6	104	完好	
NK-7	104	缺少半个，剩下半个完好	
NK-8	104	完好	
NK-9	126	缺少半个，剩下半个缺少把手	

续表26

编号	房间号	完损程度	照片
NK-10	126	缺少半个，剩下半个完好	
NK-11	126	缺少半个，剩下半个完好	
NK-12	126	缺少半个，剩下半个完好	
NK-13	125	缺少半个，剩下半个完好	
NK-14	124	缺少半个，剩下半个完好	
NK-15	124	完好	
NK-16	127	完好	
NK-17	127	完好	
NK-18	127	完好	
NK-19	127	完好	
NK-20	127	完好	
NK-21	127	完好	
NK-22	127	半个丢失，剩下半个完好	

庆王府大修实录

NK-23	127	半个丢失，剩下半个完好	
NK-24	127	完好	
NK-25	127	完好	
NK-26	127	完好	
NK-27	127	丢失半个，剩下半个缺少把手	
NK-28	127	丢失半个，剩下半个完好	
NK-29	127	完好	
NK-30	127	完好	
NK-31	123	完好	
NK-32	123	完好	
NK-33	122	完好	
NK-34	121	完好	

NK-35	121	完好	
NK-36	120	丢失半个，剩下半个完好	
NK-37	120	丢失半个，剩下半个完好	
NK-38	109	完好	
NK-39	110	完好	
NK-40	110	完好	
NK-41	111	完好	
NK-42	112	丢失半个，剩下半个完好	
NK-43	112	完好	
NK-44	113	完好	
NK-45	113	完好	
NK-46	116	完好	

NK-47	118	完好	
NK-48	118	完好	
NK-49	106	完好	
NK-50	119	完好	
NK-51	119	完好	

表27 庆王府二层老暖气查勘记录表

编号	房间号	完损程度	照片
NK-1	201	半个丢失，现有完好	
NK-2	202	半个丢失，现有完好	
NK-3	203	（图左）半个丢失，现有完好	
NK-4	203	（图右）半个丢失，现有完好	
NK-5	204	（图左）半个丢失，现有完好	
NK-6	204	（图右）半个丢失，现有完好	
NK-7	206	完好	

NK-8	209	完好	
NK-9	209	完好	
NK-10	210	完好	
NK-11	211	完好	
NK-12	212	完好	
NK-13	213	完好	
NK-14	214	完好	
NK-15	215	半个丢失，现有完好	
NK-16	215	半个丢失，现有完好	
NK-17	218	轻微损坏	
NK-18	220	半个丢失，现有完好	
NK-19	220	半个丢失，现有完好	

NK-20	221	完好		NK-32	230	半个丢失，现有完好	
NK-21	221	完好		NK-33	229	半个丢失，现有完好	
NK-22	222	完好		NK-34	229	半个丢失，现有完好	
NK-23	222	完好		NK-35	231	半个丢失，现有完好	
NK-24	223	完好		NK-36	231	半个丢失，现有完好	
NK-25	224	损坏		NK-37	内廊	半个丢失，现有完好	
NK-26	225	完好		NK-38	内廊	半个丢失，现有完好	
NK-27	226	半个丢失，现有完好		NK-39	内廊	半个丢失，现有完好	
NK-28	227	完好		NK-40	内廊	半个丢失，现有完好	
NK-29	228	完好		NK-41	内廊	完好	
NK-30	228	完好		NK-42	内廊	完好	
NK-31	230	半个丢失，现有完好		NK-43	内廊	半个丢失，现有完好	

表28　庆王府三层老暖气查勘记录表

编号	房间号	完损程度	照片
NK-1	301	完好	
NK-2	301	完好	
NK-3	301	完好	

（二）历史元素的材料储备工作

由于庆王府的特殊性，许多工艺已失传，许多材料已消失。本次整修针对可修复或恢复的历史元素提前准备，在正常施工前做了完好的储备，并让施工队提前进行订货，以便整修的正常使用。

1.琉璃柱的储备

琉璃柱主要留存在主楼各层外廊的栏杆及室内二层内廊的栏杆上，其中室内留存很完好，无须更换。而外檐琉璃柱多存在破损、碱蚀等现象。

本次施工，通过多方考察，风貌整理公司最终与监理、施工单位一同选定了琉璃柱的仿制生产厂家。

2.铜五金件的储备

庆王府铜五金件主要留存在主楼门窗上，其造型精美、使用方便，充分体现出当时建筑的档次。施工前，对每一扇门窗上的铜五金件均粘贴标签进行保留，为此后施工中的留存及使用做好了充分的基础工作。

本次施工，通过多方考察，风貌整理公司最终与监理、施工单位一同选定了铜五金件的仿制生产厂家。

3.木作材料的储备

庆王府的木作主要体现在门窗及护墙板上，材质均为菲律宾木材。窗户为实木三槽形式；门为加厚实木，上有造型花饰；护墙板亦为实木材质，花饰考究。由于原有门窗和护墙板均存在大量破损、缺失现象，本次施工专门针对木作工艺进行筛选，最终确定了木作的仿制生产厂家。

以上三种材料均经过多方考察并由厂家提供样板，由监理进行封样保存，最终由施工单位订货，以满足施工中的使用需求。

庆王府原有门窗1

庆王府原有门窗2

（三）历史元素的防护工作

施工前，由风貌整理公司组织施工单位及监理，针对各项历史元素逐一进行防护性施工，以保证其在正常施工中的安全。

1. 老家具的防护

施工现场保留的老家具均采用大芯板打套盒保护方式进行保护，并在内部加设1层纸夹板以便预防磕碰。

庆王府老家具防护1

庆王府老家具防护2

庆王府老家具防护3

2. 重点灯具——葡萄吊灯的防护

由于本次整修将对整体屋架进行检修，需在中庭搭设满堂红脚手架，为保护好葡萄吊灯特使用大芯板打套盒。

3. 琉璃柱的防护

琉璃柱内外均使用大芯板进行保护防止造成磕碰。

4. 黄金树的防护

院内黄金树均采用钢管脚手架挂安全网进行防护。

5. 主楼入口台阶防护

考虑到施工过程中可能存在的破坏性，特对台阶包大芯板套盒进行保护。

庆王府葡萄吊灯防护1

庆王府葡萄吊灯防护2

庆王府葡萄吊灯防护3

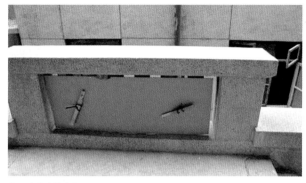

庆王府琉璃柱防护

庆王府外檐琉璃柱原貌

庆王府黄金树防护

庆王府主楼入口台阶防护

二、补强工程

庆王府已有90多年的房龄，因建造年代久远，使用荷载远远超出了其原有的设计要求，且历经了地震、冻融等自然灾害，内外檐装修、屋顶均受到不同程度的损坏。

本次补强工程主要涉及加固地下室柱、全楼墙体、全楼木结构、三层窗间柱等部位，改造防潮层及卫生间地面等。

1.地下室柱体补强

柱体的补强、加固方式有增大受力截面法、柱体粘钢法、柱体碳纤维加固法等多种方法。

本工程地下室为柱、墙整体受力的结构形式，其中，柱体承载了中央共享空间的荷载。本次施工考虑到房屋整体荷载的增加，特对地下室柱体进行钢筋混凝土套盒增大受力截面的补强措施。

地下室柱1   地下室柱2

2.木屋架补强

木屋架的补强方式包括铁箍加固、碳纤维加固、更换木构件等。

（1）铁箍加固

铁箍加固多用于存在明显风裂现象的部位，风裂较大的，应采用铁箍进行加固；风裂较细微的，采用铅丝绑扎进行加固。施工中，加固部位必须绑扎牢固，并刷防腐养护。

（2）碳纤维加固

碳纤维加固是利用碳素纤维布和专用结构胶对建筑构件进行加固处理，该技术采用的碳素纤维布强度是普通二级钢的10倍左右，具有强度高、质量轻、耐腐蚀性和耐久性强等优点。其厚度仅为2mm左右，基本上不增加构件截面尺寸，能保证碳素纤维布与原构件共同工作。

（3）更换木构件

更换木构件是对于损坏严重部位，采用整体拆除，更换新构件形式进行加固。其常规步骤如下：

整修前木屋架

①更换前，对于需更换部位进行支顶并且适当减轻荷载；

②在拼钉找平的木板上，根据设计图纸弹放出木屋架的足尺(即1:1)大样；

③先按各杆件的尺寸，分别将样板开好，把两边刨光，放在大样上，再将杆件的榫、槽、孔等的位置和形状画在样板上，按形状锯好、修整、刨光，每一杆件配一块样板，其对大样的允许偏差不得大于1mm；

④各杆件的样板配齐后，放在大样上试拼，经检查与大样图确认一致后，在样板上弹画出轴线；

⑤对木料进行长短搭配，合理安排；

⑥有裂纹的木材不用于受剪部位(如端节点)，木节和斜纹不用于接榫处，木髓心避开槽齿部位及螺栓排列部位；

⑦所有凸榫及槽齿均用锯子锯割，榫和齿的结合面必须平整且贴合严密，其凹凸倾斜的允许偏差不大于1mm，榫肩出5mm，以备拼装时修整；

⑧构件加工后，进行防腐及面层油漆粉刷。

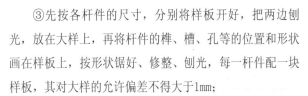

木屋架碳纤维加固

中庭原有木屋架结构体系较完整，但部分木檩糟朽、落水管脱落、躺沟破损，多处漏雨。本次整修拆除原始屋面刨花板吊顶，对土板及木檩进行全面检查，对糟朽部件进行更换，采用碳纤维技术加固，原式样恢复了铁质屋面、躺沟、落水管及风檐板。

3.三层窗间柱补强

三层窗间柱严重破损，截面受力不够，加之庆王府整修时赶上汛期，情形相当危急，采用SCM灌浆料套盒技术进行了抢救式加固，争取了时间，保证了安全。

4.木楼梯补强

老木楼梯年久失修，局部有沉降，沉降量达到3cm，采用传统的支顶办法，备楔子进行加固，踏步采用传统的地毯铜条安装方法。

5.墙体补强

①对于裂缝的墙体，采用局部加筋勾缝或掏砌方法进行修复。

整修前封檐板

仿制封檐板的安装

窗间柱加固

②对于墙体稳定性较弱部位，局部增加混凝土板带，加强墙体整体稳定性。

③对于门窗洞口部位增加混凝土过梁，墙厚为360mm的选取3根，墙厚为480mm选取4根，以此类推，墙厚每增加120mm增设1根预制混凝土过梁。凡开裂的内墙砖卷过梁均更换为预制混凝土过梁，按照洞口宽度选取相应的过梁，预制混凝土过梁上皮应采用铁楔或捻缝与原墙背紧。过梁支座处松动的墙体，应采用M10混合砂浆重新砌筑牢固。

6.木龙骨补强

该建筑的楼面结构采用木结构形式，木龙骨局部劈裂、糟朽，地板大面积腐蚀，水平拉杆及剪刀撑不全。

本次施工整体拆除原有木地板，检查木龙骨，并进行相应加固处理（木龙骨打夹板），最后将木龙骨调平安装并在两端刷防腐油。

打夹板加固技术常见的步骤如下。

①施工前，做好临时支撑或卸除上部荷载。施工时，截去损坏部位，修换与截去损坏部位尺寸相同的新木料，木料的端头与梁截面接缝严实、顺直，螺栓拧紧固定后，夹板与梁接触平整严密。

②木夹板采用2×M14普通螺栓间距250mm进行加固，螺栓距离夹板端处100mm，构件拼接钻孔时，定位临时固定，一次钻通孔眼，确保各构件孔位对应一致。

③夹板所采用螺母采用双层拧固，确保稳定性，龙骨下面靠立墙处，加木托梁，木托梁支撑在新加的木柱或新砌砖柱上。

④木构件入墙处必须满刷防腐，以保证木构件的耐久性。

7.防潮层改造

原地下室大面积潮湿，已严重影响使用功能且破坏整体房屋结构。原有防潮措施失效，下部墙体碱蚀等。本次工程增设防潮板。

8.卫生间地面改造

根据使用功能调整，将卫生间房间楼板改为钢筋混凝土楼板。

墙体裂缝加固 1

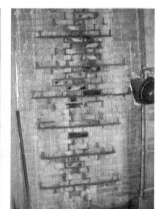

墙体裂缝加固 2

墙体板带加固 1

墙体板带加固 2

木龙骨打夹板

防潮板施工

拆除原有地面

铁板凳支撑

支模绑筋

三、样板工程

庆王府工程许多原有材料已消失，许多工艺均已失传，将前面提到储备的材料及工艺运用到本次整修，以样板带路、设计师认可的方式推进，最后将庆王府原汁原味地呈现到大家眼前。样板包括：

①室内护墙板样板；

②室内门槛维修样板；

③室内乳胶漆样板；

④外檐清洗样板；

⑤三层格栅样板；

⑥共享空间顶棚样板；

⑦门窗颜色样板；

⑧室内地板脱漆复原清油样板；

⑨五金件清理样板；

⑩三层共享空间窗样板；

⑪仿制暖气罩扣样板；

⑫楼梯样板；

⑬附属楼窗样板。

通过以上样板的制作与调整，用心保证庆王府工程的科学、合理，最终达到一个完美的效果。

室内护墙板样板制作

室内门槛修复样板

室内乳胶漆样板

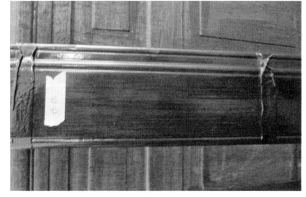

门窗颜色样板

外檐清洗样板制作

室内地板样板

三层格栅样板

五金清理样板

共享空间顶棚样板

三层共享空间窗样板

仿制暖气罩扣样板

一层内廊顶棚花饰

楼梯样板

一层楼梯下方花饰

附属楼窗样板

一层、二层休息平台顶棚花饰

四、工程中老元素的发现

在施工过程中，努力发掘庆王府原有元素，对每一个老元素充分保护、努力恢复，使之重现在大家眼前。老元素包括：

①一层内廊花饰；

②一层楼梯下方花饰；

③一层、二层休息平台顶棚花饰；

④二层重点房间墙面花饰；

⑤围墙内发现原有铁门；

⑥室内原有铜质消防栓。

通过挖掘、发现、恢复，重现原有元素。本次工程最终得到了广大群众的认可。

二层重点房间墙面花饰

围墙内发现原有铁门

室内原有铜质消防栓

第二节 外檐清洗施工组织

一、庆王府原有外檐状况

庆王府已有90多年的房龄，因建造年代久远，使用荷载远远超出了其原有的设计要求，且历经了地震、冻融等自然灾害，其外檐装修受到不同程度的损坏：外檐水刷石污染严重，各层檐口处雨水侵蚀严重，四角雨水斗下方外檐均为黑色，西洋列柱还存在阴阳面的现象。

二、外檐墙面清洗技术简介

外檐墙面清洗是指采用一种清洗方式清除墙体表面污垢的方法，具体方法分为干洗法和湿洗法两大类。

1. 干洗法

（1）机械清洗法

机械清洗法指运用具有较大能量的设备，配置不同形状的金刚砂磨钻头、旋转的磨盘、喷砂装置、空气磨蚀等以及用手操作的刷子、砂纸、刀具、凿子等工具，依靠机械力的作用将外檐表面有害污物去掉。机械法的好处是可以直接去除外檐有害锈，而不会在外檐表面或内部留下任何残留物，对外檐的化学组成也不会改变。该方法要求外檐保存较好，质地比较坚硬。对于清除黑色结垢和石灰质结垢非常有效。但机械清洗容易对外檐墙体表面造成损害，因而需要专业的操作。

（2）粒子喷射

粒子喷射有许多优点，例如，它没有化学品危害问题，也没有水冲击破坏和湿度危害。以往使用的粗糙石英砂在气流压力下喷射清洗的方法已经逐步被淘汰，因为这种喷砂方法会严重磨损砖、石建筑的表层，特别是一些棱角部位。现代粒子或微粒子喷射清洗采用的气流压力尽管小了许多，但是通过精心设计的各种喷嘴能够使粒子清洗各个细微部位，包括一些较为隐蔽的部位。

当前，粒子喷射常用的材料有石英粉、天然细沙、刚玉粉、方解石粉、玻璃微珠、鼓风炉渣粒、塑料粒子等。这些粒子按直径大小可分为一般粒子（0.1～0.5mm）和微粒子（0.05～0.1mm）。操作过程产生的飘尘可以用真空吸尘器吸掉，粒子可以自动回收和循环使用。一般来讲，硬度高和边角锐利的粒子易磨平表面，而软的、光滑的粒子清除污垢层的效率较低。总之，粒子喷射清洗所使用的粒子材料、粒子的大小和气流压力等，必须根据被清洗材质、部位和污垢等具体情况精心选择，以保证既要达到清洗目的又不能对墙体造成伤害。

（3）激光清洗技术

激光清洗技术主要利用激光束来清除石材表面的附着

物，它不但省时、省力、节水，而且安全可靠、适用面广、易于自动控制。特别对于精细的石雕、石刻和年代久远的古石质文物，激光清洗的优势是许多传统清洗工艺无法比拟的。激光清洗的原理如下：

①激光脉冲的振动，即在固体表面产生力学共振现象使表面污垢层或凝结物碎裂；

②粒子的热膨胀，即使表面污垢层受热膨胀来克服基体物质对污垢粒子的吸附力；

③分子的光分解或相变，即在瞬间使污垢分子或辅助液膜蒸发、汽化、分解或爆沸。

激光清洗技术正是利用这些作用或者它们的联合作用克服污物和基体物质表面之间的结合力，使其脱离物体表面而达到清洗的目的。

根据被清洗基体物质与污物的光学特性，又可将激光清洗分为两大类：一类是利用基体物质与表面附着污物对某一波长激光能量的吸收系数的差别，使激光能量充分被附着的污物所吸收，从而受热膨胀或汽化，其要求是基体物质对激光能量的吸收系数要小，这样基体物质才不至于被损伤，因此实现安全高效清洗的关键是选择合适的激光波长并控制适度的能量密度；另一类是基体物质与污物对激光的吸收系数差别不大，或者污物受热后会产生有毒物质等，通常是利用较高频率和功率的脉冲激光冲击被清洗的表面，使部分光束转换成声波，而声波冲击中下层表面后返回，并与入射声波发生干涉，从而产生高能共振波使污垢层碎裂。为了加强激光的清洗效果，往往事先在基体表面涂上一些水或水与乙醇的混合液体，当激光照射于液膜上时，液膜因急剧受热产生爆炸性汽化，爆炸的冲击使基体表面的污垢松散并随冲击波飞离基体的表面，从而加强了去污的效果。国际上，激光清洗已成为一项较为成熟的石质文物的清洗技术。在我国，运用激光清洗石质材料和文物的工作才刚起步。

2. 湿洗法

（1）水清洗法

水清洗法指以热水、冷水、去离子水或水蒸气的形式，采用棉球摩擦、刷、喷洒、熏的方式，去浸润砖石质表面污垢，然后去除，从而达到清洗的目的。除此之外还包括低压喷淋、高压喷水、水蒸气喷射、雾化喷淋等方法。水清洗法的优点是环保性好，最大缺点是有可能造成潮湿性破坏，尤其对于古建筑，因为黏结石块的古旧泥灰材料最容易受到水的浸渍而失去原有强度，造成整体结构受损。

（2）化学清洗法

大多数年代久远的石材，其表面污染物已经深入石材的微孔隙中，一般的表面擦洗往往难以将污染物去除。对于这类深层污迹，化学清洗法经常可以取得特别的效果。一般来讲，对于这类深层污垢的化学清洗至少应包括以下三个步骤：

①清洗剂经过渗透过程进入石材的微孔隙；

②清洗剂在石材微孔隙中与污垢分子发生物理或化学作用；

③通过吸出或稀释等步骤清除清洗作用后的残留物。

这里第一步和第三步是完成深层清洗所必要的基本操作步骤，而第二步，即能与污垢分子发生作用的清洗剂需要根据污染物和石材的性质以及处理过程的方便而精心设计。另外，化学药物清洗，可有效清除砖石质品表面的苔藓、地衣、水藻等微生物，防止生物腐蚀。在化学清洗中，较好的方法是贴敷法，即将清洗剂用纤维、粉末或胶体等物润湿贴敷，用塑料薄膜覆盖保湿，然后依次进行渗透、作用、溶剂挥发、抽提脏物。该方法不仅用药量少，作用时间长，抑制深处渗透，同时还便于垂直面的作业，效果不错。目前，已经开发出一系列砖石质文物专用清洗剂，取得了较好的清洗效果。

（3）超声波清洗技术

超声波清洗原理是当液体介质中传入一定强度的超声波时，被清洗物体的表面反复出现加压和减压产生空化效应，液体内出现微小空洞，当声波达到一定强度时，空洞会发生剧烈爆炸，产生强烈碰撞，使水分高速撞击被清洗物体的表面，将污物撞击下来，从而达到显著的清洗效果。

三、 庆王府外檐清洗介绍

（一）外檐存在问题

为了最大程度恢复建筑外檐的原真性，本次外檐清洗施工中，风貌整理公司委托上海同济大学历史建筑保护

庆王府外檐原状

技术实验室对外檐水刷石材质进行了物理检测和化学分析，取得了严格的材料配比，并在全国范围内找寻符合颜色和粒径的小石子。三层载振进住后增加的影堂外檐得以恢复，缺损脱落的外檐水刷石得以修补，整体外檐统一起来，但还存在以下问题：

①外廊柱阴阳面色差问题；

②外檐檐口下方黑色污垢污染问题；

③整修后新旧水刷石色差问题。

（二）外檐墙面清洗目的及程序

1.墙面清洗的目的

墙面清洗的目的是去除墙面的有害堆积物，阻止或者延缓墙面的病变，还原墙面本来的面目。清洗的标准是既能去除砖石等材料表面的污物，又不对墙面造成危害。因此，对于墙面清洗的"度"的把握非常重要，清洗程序实施的每一个阶段应该是可控制的、渐进的与可选择的。墙面清洗应该特别注意不应在被清洗的物体表面留下轻微的痕迹、磨损、冲蚀等，从而导致墙面多孔性增加，引起加速衰退等一系列变化。

2.外檐清洗程序

外檐清洗程序分为如下几步：诊断阶段→制定清洗方案→预加固→预清洗→实施清洗→补充修正。

外檐清洗

（1）诊断阶段

1）前期调查

收集建筑所处环境的降雨、温度、湿度、风向、风速、日照、污染情况等指标，研究环境是否影响和如何影响建筑物的外檐。就墙面而言，对材料的研究涉及质地、化学成分、矿物组成和物理性质（包括孔隙率、容重、密度、吸水率、表面强度、裂隙发育情况等）。

2）资料收集

资料收集即对资料的收集与分析、归档（包括历史文献记载、历史上经历的修复、保存现状、研究和试验工作每一步骤的文字记录、图片、照片、绘制病变图等），为具体实施清洗提供依据）。

3）病变研究

病变研究包括外檐病变的位置、形态、程度、病因等方面。

4）取样分析

取样部位对于外檐而言应该是次要、不显眼的部位，不会影响建筑物外檐的整体性。发展趋势是无损，非破坏

外廊柱阴阳面色差

外檐檐口下方黑色污垢污染

性的科学调查。

5）清洗试验

清洗试验即对不同的方法、材料进行试验、选择。

（2）制定清洗方案

在以上调查、研究、分析、试验的基础上制定清洗方案。

（3）预加固

如果外檐损坏相当严重，那么就需要先加固或修补外檐的损坏部位。

（4）预清洗

在外檐上选择一处不显眼的位置，作为清洗试验块，以检验清洗效果。

（5）实施清洗

根据预清洗的检验效果，实施正式清洗。（注：针对五大道历史风貌建筑的特点，拟在施工时搭设脚手架进行施工。）

（6）补充修正

随时检查清洗效果，并对方案进行补充和修正。

（三）庆王府外檐水刷石墙面清洗技术

通过对多种外檐清洗技术的试验，选用了去油剂清洗、石材清洗剂稀释清洗、砂岩清洗注射法几种干洗与湿洗相结合的方法针对不同的问题进行处理，圆满地实现了外檐的统一协调，并使其略带沧桑，显得很自然。

砂岩清洗注射法顾名思义是墙面清洗与注射相结合。首先，将以独特比例调成的专用洗石水，用毛刷在外檐处均匀涂刷，让药水渗透至其内部，片刻后用高压清洗水枪冲净、晒干。然后，定做特制型号架子，用铝板、双面胶、防水膜做成底盘，然后用特制架子夹住，架子上下用螺丝、螺母锁住，底盘内部铺上白色海绵布，外边用细水管插入海绵布内部，用针筒注射药剂。每隔3h注射一次，让其一直保持内部湿润。药水湿润时间大约为72h以后，方可拆下架子，清洗晒干即可。

水刷石新旧对比

第三节　环境整改及绿化工程

在人类历史的发展过程中，美丽的环境是人们无时无刻不在追求的目标。最早的造园造诣可以追溯到2000多年前祭奠神灵的场地、供帝王贵族狩猎游乐的场地和居民为改善环境而进行的绿化栽植等。初期的园林主要是植物与建筑物的结合，园林造型比较简单，建筑物是主体，园林仅充当建筑物的附属品。随着社会的发展，园林逐渐摆脱建筑物的束缚，园林的范围也不仅局限于庭院、庄园、别墅等单个相对独立的空间范围，而是扩大到城市环境、风景区、保护区、大地景观等区域，涉及人类的各种生存空间。然而总体来说，建造园林的目的是在一定的地域，运用工程技术和艺术手段，通过整地、理水、植物栽植和建筑布置等途径，创造出一个供人们观赏、游憩的美丽环境。某些非凡的艺术，如插花、盆景等，因其创作素材和经营手法的相同，都可归于园林艺术的范围。

当今的园林形式丰富多彩，园林技术日趋提高。几千年的实践证实，具有长久生命力的园林应该是与社会的生产方式、生活方式有着密切联系的，和科学技术水平、文化艺术特征、历史、地理等密切相关的，它反映了时代与社会的需求、技术发展和审美价值的取向。

"景"即风景、景致，是指在园林绿地中，自然的或经人为创造加工的，并以自然美为特征的一种供人们游憩、欣赏的空间环境。景的名称多以景的特征来命名、题名、传播，使景色本身具有更深刻的表现力和强烈的感染力而闻名天下。

庆王府为折中主义风格2层（局部3层）砖木结构楼房，且设有地下室。其立面外用类似爱奥尼克柱围成柱廊，栏杆用黄、绿、蓝三色相间的六棱琉璃柱围成。院内有大花园，设假山、石桥、亭子，景致宜人幽雅。在多年的变迁中，它经过战火的洗礼，也曾做过天津市人民政府外事办公室。整修开始前用大量时间收集有关庆王府园林方面的资料，通过对院内假山的鉴别发现了始建后的多次改造后的痕迹，可以发现假山的东北角仍然保留着原始的风貌，其他部位的景观石与原风格不符。院内原栽植包括黄金树、雪松、海棠等多个品种。通过载振后人的回忆，记忆起部分庆王府的原始风貌，通过查找资料加深了对庆王府园林的了解，有助于做出景观设计方案。

挑选毛石

一、假山

庆王府园林景观的提升和改造是根据使用功能和使用舒适性的要求进行的。

首先，研究假山修复方案。在整修开始前确定哪些是非始建时期的景观石，聘请苏州专业园林队伍在现场因地制宜，合理利用原有景观，把与原风貌不协调的景观石拆除。在设计中避免单纯地追求宏大的气势和英雄气概，要因地制宜，将原有景观要素加以利用。对已经失去原有风格的假山部分进行重新堆砌，精心选择适量的太湖石按照假山的山势进行修复。

运输毛石

修复过程中发现了原有假山的水系，按照假山水法理清了水路后进行恢复。恢复后的假山叠水碧波荡漾，使人流连忘返。

假山改造1

堆砌池塘

假山改造2

改造中的池塘

摆布石材

拆除原路面

二、路面铺装

现代景观环境中要充分考虑景观环境的属性，要体现为人所用的根本目的，即人性化设计。在庆王府园林景观设计概念上强调整体设计观，这样的景观环境才不至于成为东拼西凑的杂乱无章之物。在整个设计过程中，始终围绕着"以人为本"的理念进行每一个细部的规划设计。

在这次修复提升过程中，对院内路面铺装进行了多种材料性能的研究，最终选定用8cm×8cm的完全手工制作的深色系自然面石钉作为院内大部分的地面材料，局部点缀暖色石钉。楼房主入口条石台阶上的精美斜纹图案是建筑始建时期留下的，故将供游客行走的路线使用加工难度更大的斜纹石钉铺设。

通过这次功能提升改造总结出，路面的铺装在很大程度上依靠材料的质地给人们提供感受。在进行铺地设计的时候，要充分考虑空间的大小，大空间要做得粗犷些，应该选用质地粗大、厚实且线条较为明显的材料，因为粗糙往往给人稳重的感觉；另外，在烈日下面，粗糙的铺地可以较好地吸收光线，不显得刺眼。

制作石钉样品

石钉铺设

三、线性排水系统

线性排水系统给人的第一感觉就是一条直线，干净整洁。线性排水最早起源于欧洲市场，本次工程使用的排水沟材质为树脂混凝土，是一种新型的建筑材料，其成分取自天然矿物质。树脂混凝土具有强度高、质量轻、抗老化、抗冻性、成型表面光滑、防侵蚀强和无渗透等优点，其强度及寿命明显高于普通混凝土。建筑排水系统是建筑给排水系统的重要组成部分，直接影响建筑的方便舒适程度及空气质量。石钉路面和草地交界处的处理正好应用到

原路面

线性排水，既保证了草地内多余的水可以排到水沟内，又解决了石钉和草地交界处的处理问题。

庆王府使用的庭院排水系统能迅速排除污水，防止积水对地面铺装、建筑物及财产财产造成损失。这套排水系统无论是应对正常的地面排水还是多年不遇的暴雨都能有效迅速地排除。

安装盖板

线排施工清理

抹保护层

线排施工中

安装检查井

加固施工

四、植物

在提升改造前首先对院内原有植物采取保护措施，防止在施工过程中建筑材料损伤到植物的根部，避免发生不必要的植物损害。在植物配置方面讲究乔、灌、草结合，并巧妙应用特色乔木、灌木和花卉，成功营造出缤纷多彩、变化丰富的植物景观。科学合理的植物配置既要考虑到植物的生态习性，又要考虑到植物的观赏特性；既要考虑到植物自身美(个体美)，又要考虑到植物之间的组合美(群体美)和植物与环境的协调美(整体美);更要充分考虑到因地制宜、适地适树等。在院内假山脚下是一片面积为500㎡的果岭草绿地,这片绿地的灌溉使用了较先进的微喷灌系统,喷头采用地埋隐藏式散射喷头,喷灌时喷头通过水压从草坪内升起,喷灌结束后喷头自动缩回到草坪内,既美观又保证人们行走时的安全。

园林在一般情况下总是地形、水、植物和建筑这四者艺术的综合。因此,筑山、理水、植物配置和建筑营造便相应成为造园的四项重要内容。这四项工作都需要通过物质材料和工程技术去实现,所以它是一种社会物质产品。地形、水、植物和建筑这四个要素经过人们有意识的构配而组合成有机的整体,创造出丰富多彩的景观,给予人们美的享受和情操的陶冶。就此意义而言,园林又是一种艺术创作。园林艺术不同于音乐、绘画、雕塑等其他艺术,园林具有实用价值,它需要投入一定的人力、物力和资金。因为园林艺术是以这种实用技术为基础的,所以它成为人类文化遗产中弥足珍贵的组成部分。园林既满足人们的物质需要,又满足人们的精神需要;既是一种物质产品,又是一种艺术创作。

目前,我国快速的城市化进程,使城市环境建设面临严峻的挑战。景观是城市生态系统中的重要组成部分,对城市生态系统功能的提高和健康发展有重要作用。生态设计是直接关系到景观设计成败以及环境质量高低的非常重要的一个方面,是创造更好的环境、更高质量和更安全的景观的有效途径。但现阶段在景观设计领域内,生态设计的理论和方法还不够成熟,尤其是在环境生态效应、生态工程技术、人的环境心理行为分析等方面都比较薄弱,没

有适用于它的生态学原理作为其生态设计的理论基础,没有把对保护生态环境、实现可持续发展的概念融入到景观设计的每一个环节中去。因此,景观的生态建设还需要做更大的努力,就可操作性的方法还需进一步探索。

果岭草

假山绿化

平顶松

庭院绿化1

庭院绿化 2

庭院绿化 3

第四节 竣工检查结论

验收项目为重庆道55号（原庆王府）；验收建筑保护级别为天津市文物保护单位、天津市特殊保护等级历史风貌建筑。项目验收日期为2010年5月11日，组织单位为天津市国土资源和房屋管理局、天津市文物局。项目验收申请方为风貌整理公司。到会专家包括：路红（天津市历史风貌建筑保护专家咨询委员会，主任，正高级建筑师）、刘景樑（天津市建筑设计院，国家级设计大师，正高级建筑师）、张家臣（天津市建筑设计院，国家级设计大师，正高级建筑师）、程绍卿（天津市文物管理中心，副研究员）、薛俊卿（河南省古代建筑保护研究所，高级工程师）、赵晴（天津大地天方建筑设计有限公司，正高级建筑师）。公众代表为穆森。

项目验收内容主要包括专家现场验收检查（2011年5月11日，专家到达庆王府，分别对院内建筑主楼、附属楼和院内院落景观及封闭围墙进行详尽的检查，对照2010年4月24日专家审定的《天津庆王府旧址文物保护规划与修缮设计方案》进行现场答疑）及风貌整理公司汇报项目实施内容和过程。

一、 项目概述

庆王府是由清朝最后一任太监大总管小德张于1922年开始进行建设的，他亲自绘图，精心构思，不惜工本，历时一年将其建成，工程之大，造型之美，在原英租界被列为华人楼房之冠。1925年，载振购得此宅院后，又增建了第三层房屋和一些平房，他与家人在此居住了22年。1949年1月，天津解放，军管会接管了庆王府；1951年，这座旧日王府成为中苏友好协会天津分会会址；1968年至2010年4月，天津市人民政府外事办公室在此办公。

庆王府占地4327m²，建筑面积为5922m²，具有非常显著的中西合璧风格。1991年8月2日，天津市人民政府公布庆王府为天津市文物保护单位。2005年8月31日，天津市人民政府公布其为天津市首批特殊保护等级的历史风貌建筑。

表29 工程进度表

时间	工作内容
2009年年底—2010年4月	文史资料收集、保护整修方案拟定
2010年4月24日	方案专家审定会
2010年5月—6月	天津市人民政府外事办公室迁出，风貌整理公司开始进行清理、现场查勘和采取保护措施
2010年7月	天津大学建筑设计院出施工图纸
2010年7月—10月	土建加固和设备改造施工
2010年11月—2011年4月	装饰装修和园林景观改造施工

二、 查勘阶段

查勘内容主要包括历史沿革、测绘图集、结构安全查勘、设备查勘和材料检测分析等内容。

三、 设计阶段

（1）规划设计依据

①《中华人民共和国文物保护法》（2007年）。

②《中华人民共和国文物保护法实施条例》（2003年）。

③《天津市文物保护条例》（2007年）。

④《天津市历史风貌建筑保护条例》（2005年）。

⑤《中国文物古迹保护准则》（国际古迹遗址理事会中国国家委员会，2000年）。

⑥《文物保护工程管理办法》（文化部，2003年）。

⑦《天津市历史风貌建筑保护修缮技术规程》（DB 29—138—2005）。

⑧《古建筑消防管理规则》（文化部、公安部，1984年）。

⑨《古建筑木结构维护与加固技术规范》（GB 50165—92）。

⑩《天津市历史风貌建筑保护图则》（天津市历史风貌建筑保护委员会、天津市国土资源和房屋管理局，2005年）。

（2）指导原则

文物工作贯彻保护为主、抢救第一、合理利用、加强管理的方针。

文物本体的修缮工程必须严格遵守"不改变文物原状"的原则，全面地保护和延续文物的真实历史信息和价值。

遵循国际、国内公认的保护准则,按照真实性、完整性、可逆性、可识别性和最小干预性等原则,保护文物本体及与之相关的历史、人文和自然环境。

历史风貌建筑的保护工作,应当遵循"保护优先、合理利用、修旧如故、安全适用、有机更新"的原则。

特殊保护等级的历史风貌建筑,不得改变建筑的外部造型、饰面材料和色彩,不得改变建筑内部的主体结构、平面布局和重要装饰。

修缮历史风貌建筑应当符合有关技术规范、质量标准和保护图则的要求,修旧如故。

(3)整修目标

按照文物和历史风貌双重身份的要求,以修建具有国际水准的精品工程为目标。对承重结构进行全面加固,确保建筑安全;对建筑内、外檐装饰进行全面修复,恢复庆王府始建时讲究奢华、流光溢彩的原貌;对配套机电设备设施进行全面维修,完善使用功能,满足现代使用需求。发挥庆王府得天独厚的展示功能,为天津市五大道地区经济和文化的全面复兴提供空间保障。

(4)审批通过的设计方案

设计阶段的最后一步是审批通过的设计方案。

四、整修施工阶段

1.建筑历史元素保护工作

施工前,风貌整理公司组织施工单位及监理单位,针对各项历史元素一一进行防护性施工,以保证其在正常施工中的安全。

2.结构加固改造工程

庆王府已有90多年的房龄,因建造年代久远,使用荷载远远超出了其原有的设计要求,且历经了地震、冻融等自然灾害,内、外檐装修和屋顶均受到不同程度的损坏。

本次加固改造主要涉及加固地下室柱、全楼墙体、全楼木龙骨、三层窗间柱等部位,改造防潮层及卫生间地面并增加可逆性无障碍电梯。

(1)平面功能调整

结合使用功能和设计方案,恢复正门两侧的两个出入口。院内不设停车位,调整附属楼功能及平面,在保持沿街围墙外观不变的前提下进行落地大修。

(2)结构(抗震)加固

木屋架结构体系加固——中庭原有木屋架结构体系较完整,部分木檩糟朽、落水管脱落、躺沟破损,多处漏雨。施工队伍首先拆除原始屋面刨花板吊顶,对土板及木檩进行全面检查,对糟朽杆件进行更换,采用碳纤维技术加固,原式样恢复了铁质屋面、躺沟、落水管及风檐板;SCM灌浆料加固屋顶结构柱——保留了原有木屋架,但支撑屋架的12根结构小柱严重破损,截面受力不够,加之庆王府整修时赶上汛期,情形相当危急,采用了SCM灌浆料套盒技术进行了抢救式加固,争取了时间,保证了安全。

(3)防潮层与墙体碱蚀的修复

原有防潮措施失效、下部墙体碱蚀,本次工程增设防潮板。

(4)木楼梯维修加固

木楼梯年久失修,局部有沉降,沉降量达到3cm,采用传统的支顶办法,备楔子进行加固,踏步采用传统的地毯铜条安装方法。

(5)卫生间改造

根据使用功能调整,将卫生间房间楼板改为钢筋混凝土楼板。

(6)增设无障碍设施

原有老木楼梯较为陡峭,为了方便残疾人和老人、儿童,按照可逆性的原则,采用OTIS无机房技术在主楼西侧增设无障碍电梯。

3.装饰装修工程

庆王府是一座充满着中西合璧风格的建筑,外檐水刷石,环绕四周的宽阔回廊和高耸的立柱,中式的琉璃柱过道,西式的拉丝玻璃和葡萄吊灯等细节元素点缀其中。

主楼中庭高约12m,面积为350m²,呈四方布局,是整个建筑的中心,其他房屋在其四周依序展开。中庭二层回廊的栏杆,由196根黄、绿、蓝三色六棱琉璃柱合围而成。两盏据说来自德国的葡萄造型吊灯从楼顶垂下,依然流光溢彩、魅力十足。这些精美的建筑元素在此次整修中得以完好保护。

(1)外檐整修

庆王府的水刷石外檐是建筑的一大特点,为了最大程度恢复建筑外檐的原真性,风貌整理公司委托上海同济大学历史建筑保护技术实验室对外檐水刷石材质进行了物理检测和化学分析,取得了严格的材料配比,并在全国范围内找寻符合颜色和粒径的小石子,使三层载振进住后增加的影堂外檐得以恢复,缺损脱落的外檐水刷石得以修补,整体外檐统一起来。但新补外檐与原有外檐颜色差异太大,三层与一层、二层形成强烈对比,修补的星星点点好像麻子一样丑陋,而且檐口处雨水侵蚀严重,四角雨水斗下方外檐均为黑色,西洋列柱还存在阴阳面的问题。通过对多种外檐清洗技术的试验,选用了去油剂清洗、石材清洗剂稀释清洗、砂岩清洗注射法几种不同的方法针对不同的问题进行处理,圆满地实现了外檐的统一协调,使其略带沧桑,显得很自然。

（2）屋面防水

拆除了卫星天线等屋顶上的大型设备;二层屋面按上人屋面新做防水;三层屋面和中庭屋面按原样恢复并新做防水。

（3）内檐整修

纯手工作业挖掘历史遗迹——整修中意外发现建筑始建时期墙面及楼梯顶面留有的彩绘图案,风貌整理公司指挥工人细致小心地剔、擦和清洗,纯靠手工作业慢慢地挖掘出这些历史遗迹,使得这些精美的艺术品重见天日。原消防设施的终端保护——在中庭二层回廊的墙壁上,发现了一个原始的消防水龙头,和墙面一样被刷涂上了白色的涂料,将它清洗出来,露出了铜质的本体。自制双面中空玻璃高脚窗技术——中庭上方高脚窗原为单层木窗,糟朽严重,而且保温隔热等性能均不佳,在此次整修中,风貌整理公司改良创新式地按照原有木窗式样,将其改为中空玻璃木质窗并使用外檐专用木蜡油,提高了建筑维护性能,促进了节能指数,效果显著。用丝网印刷技术移植始建图案至中庭屋面技术——对于无法恢复的彩绘元素,运用现代的移植手段采取丝网印刷技术移至顶棚作为装饰体现。木作维修——原始木作装饰(护墙板、暖气罩、挂镜线、楼梯、木门窗等)整体污染及破损较大,而且多改为混油,同济大学的材料试验报告显示原有门窗为清油做法,所以整修时首先进行脱漆、然后对木作进行修补。对于保存完好的老地板,精心地进行了最小程度的

打磨和清理。

4.设备提升工程

（1）给排水系统改造

本工程水源引自重庆道市政供水干管;雨污水采用重力排水,就近排出,雨污分流;卫生间排水在室外经过化粪池后排入市政管网;排水管采用UPVC塑料管。

（2）采暖、制冷系统改造

考虑本建筑的特性及使用要求使得建筑物内部及其周边不具备新建设备站房的条件,而建筑物周边已具备已建成的市政热源的换热站,根据建筑物负荷及使用功能特性,对各种采暖及制冷形式比较分析,最终采暖系统沿用原有散热器系统,空调系统采用VRV商用中央空调系统。

（3）强弱电气改造

根据本建筑的电气系统特点,为满足文物修复、保管与使用等功能的需要,必然提高建筑的用电负荷并需配置相应的功能房间。强电系统主要包括:配电系统、照明系统、动力系统、火灾自动报警系统等。弱电系统主要包括:会议系统、网络系统、电话系统、电视系统、监控系统、音乐系统等。

（4）燃气改造

废除原有燃气管道,重新进行布置。将管道燃气引进厨房,增设燃气报警探头。

（5）消防系统改造

老建筑整修,消防是一大难题,无论是消防分区还是消防等级等均存在许多与现行规范不符的现象,天津市历史风貌建筑保护委员会特设消防分组,在专家和国家消防工程技术研究中心的帮助下,采用现代技术增设了消火栓系统和火灾自动报警系统,大大提高了建筑的消防安全级别。

5.景观改造工程

庆王府拥有五大道地区为数不多的中西合璧式大型园林,这里既有典型中国江南园林造景的山石又有西洋风格的水法,树种也兼具中西,既体现了小德张从皇宫内积累起的对建筑的独到理解,又融入了载振曾为清朝商业大臣的宽阔视野。由于年代的更迭、地震的影响,园林景观变得十分凌乱。本次整修依据小德张和载振后人的记忆,采取局部堆山、水法恢复等手段,改造了假山、喷泉等主要

景观，增加了德国线性排水系统和隐蔽式草坪喷灌系统，保留了原有植物并新增对接白蜡、平顶松等名贵树种。

五、竣工验收阶段

1.建筑整修总结

（1）安全性

原有木龙骨楼板、木楼梯全部检修加固，在原有木结构上根据糟朽程度的不同打夹板、打套箍等方法从结构上加强建筑物稳定性，从而符合"安全适用"的原则；墙体掏碱，在建筑物原有墙体上进行处理加固，使原墙体得到整体性加固。

（2）原真性

保留原有建筑的层高、原有木龙骨地板及木龙骨隔断墙；在施工过程中边施工边挖掘风貌建筑的历史文化特色，恢复了一层半楼梯顶棚和二层墙面壁画等；在内檐施工中对建筑物原有的菲律宾木质门窗进行统一修补、翻新，达到重新利用的程度，真正做到了"修旧如故"；在外檐施工中考虑到建筑物原有历史风貌，恢复性修补了外檐水刷石。

（3）舒适性

根据使用功能改造了水、暖、电等配套设施并增设了空调、弱电系统；在国家消防工程技术研究中心的帮助下，增设了火灾自动报警系统和消火栓系统，最大限度地保护了建筑，提高了建筑消防安全等级；本次工程增设了防潮板，从工艺做法上阻止了潮气的上返，更加提高了建筑物的适用性。

2.专家出具验收意见

经专家现场检查，一致认为庆王府整修工程符合设计文件要求，体现了天津文物保护单位和历史风貌建筑的整修模式和理念，遵守了安全性、舒适性、人性化等原则，保证了建筑的真实性，较好地消除了自然和人为因素对文物建筑本体的损害，符合文物保护单位和历史风貌建筑的保护要求，通过验收。同时提出以下改进意见：

①编制使用要求，保证庆王府在合理的条件下使用；

②楼内附属文物要加以妥善保护，并做保护说明；

③中庭天花板花饰颜色过于鲜艳，水晶吊灯影响了葡萄吊灯效果，可结合今后维修予以调整。

3.推广应用价值

在本工程整修技术集成应用中，根据现场遗留的历史痕迹和其他历史资料确定该建筑的原貌，包括它的整体特征和细部装饰特征。在修复中严格按原建筑的营造法式和艺术风格、构造特点，用原材料、原工艺进行修复，缺损的部位和构件尽量用原材料复制添配齐全，保持"原汁原味"。传统工艺是恢复建筑历史原貌的主导技术，确保了建筑的"修旧如故"。同时也必须适当选择现代技术，有利于保持建筑原貌，有利于提升建筑的使用功能，确保以人为本的舒适性要求。整修技术集成要做到新旧技术的有机结合。

六、结论

该项目的整修工作引起了社会各界的强烈关注，住房和城乡建设部、国家文物局、天津市委、天津市人大、天津市政府的领导多次视察现场听取汇报，天津市规划局、文物局、国土资源和房屋管理局及相关专业部门进行现场指导，数十位国内外专家、学者参与了整修方案的制定和修改，小德张家族后人、载振后人、中苏友好协会天津分会和外事办公室的老同志纷纷提供线索、献计出力，保证了此次庆王府整修工作的科学开展。

刚刚整修完毕的庆王府作为城市文化遗产俱乐部，由国际首届一指的私人会所管理公司CCA集团负责日常运营，提供全面的、国际标准的商务休闲和会议等服务。

庆王府阅览室

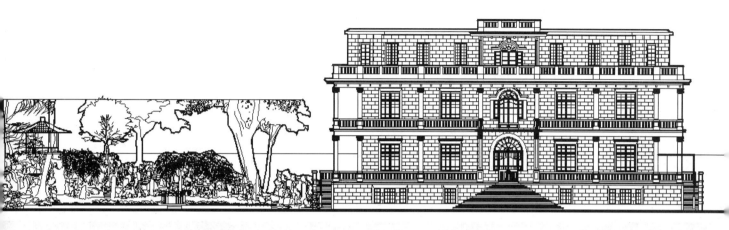

图 版 篇

Figures

　　庆王府地处天津历史风貌建筑最为集中的"五大道历史文化街区"，举步间到处洋溢着浓郁的英伦"洋楼"风情，随处可见始建于20世纪二三十年代的各式花园别墅、连体住宅、公寓楼和里弄，道路幽深宁静，名人故居云集，历史积淀丰厚。"五大道历史文化街区"是近代中国中西文化既冲突又融合的一个典型载体，也是近代天津城市发展过程中的一个琳琅满目的建筑博物馆。

Qing Wang Fu is located in the most famous concentrative region of historical architecture named Five Boulevards Historical Architecture Area in Tianjin. The whole area is mainly constituted by England style buildings. Besides, all kinds of garden villas, conjoined dwellings, apartments and alleys which were built in 1920s and 1930s are prevalent, and the area also includes deep and quiet roads, former residence of celebrities, which are all with rich historical accumulations. Five Boulevards Historical Architecture Area is a typical carrier of the conflict and integration of Chinese and Western cultures, which also is an outstanding building museum formed in the process of modern Tianjin's urbanization.

庆王府大门仰拍

庆王府入口处十七级半台阶

庆王府外檐及庭院

庆王府大门

庆王府主楼

庆王府外景

庆王府楼顶露台

庆王府花园

庆王府回廊与黄金树

庆王府庭悦咖啡 1

庆王府夜景

北京厅

承蒙厅

法兰厅

纽约厅

乐有余厅

契兰厅

庆王府三层过厅

庆王府门厅

香港厅

雕花玻璃

庆王府庭悦咖啡 3

庆王府图书馆 1

庆王府图书馆 2

庆王府展览馆

庆王府中庭

劝业厅1

劝业厅2

劝业厅 3

劝业厅 4

天津厅

雪茄吧

英伦厅1　　英伦厅2

庆王府厅雕花隔断门

整修后的封檐板

六棱琉璃柱

庆王府主楼屋顶风向标

庆王府一层门厅上方彩绘

庆王府一层门厅隔断上方花饰（后面右）

庆王府一层门厅隔断上方花饰（后面左）

庆王府一层门厅隔断上方花饰（前面右）

天花蝙蝠石膏顶

彩色玻璃 1

彩色玻璃2

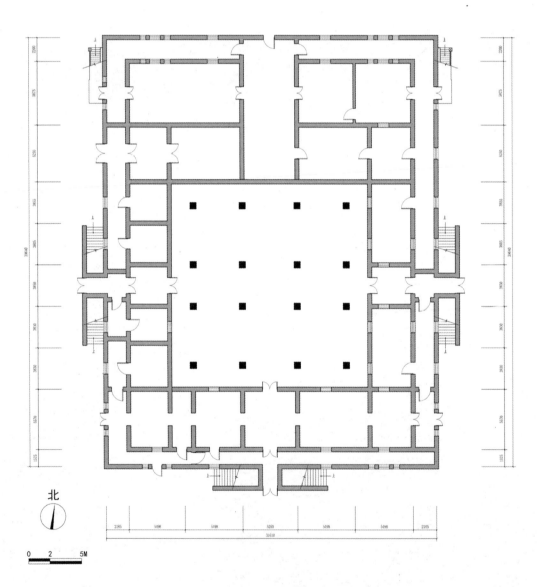

北

0 2 5M

载振时期地下一层功能布局示意图

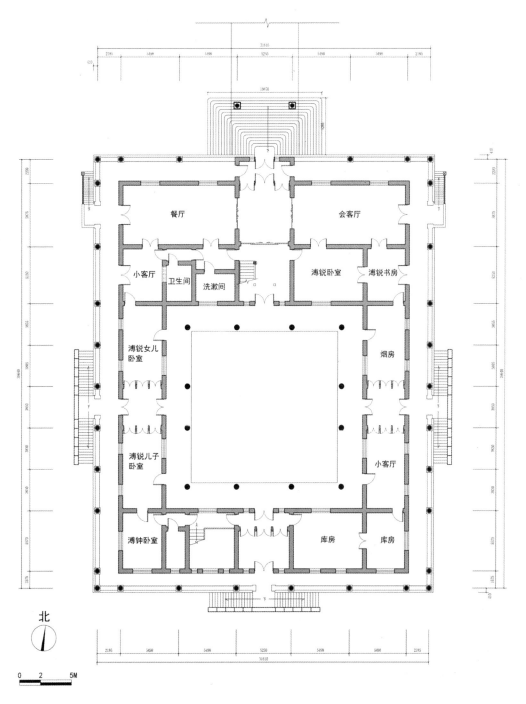

餐厅

会客厅

小客厅

卫生间

洗漱间

溥锐卧室

溥锐书房

溥锐女儿
卧室

烟房

溥锐儿子
卧室

小客厅

溥钟卧室

库房

库房

北

0　2　5M

载振时期一层功能布局示意图

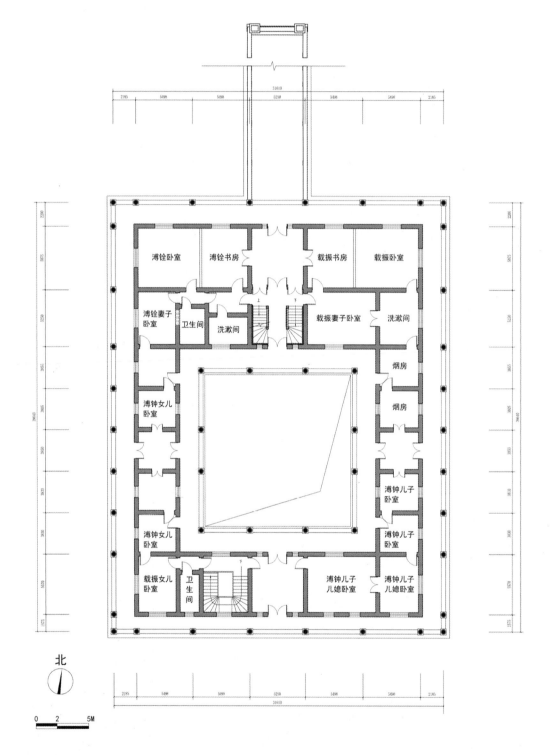

北

0 2 5M

载振时期二层功能布局示意图

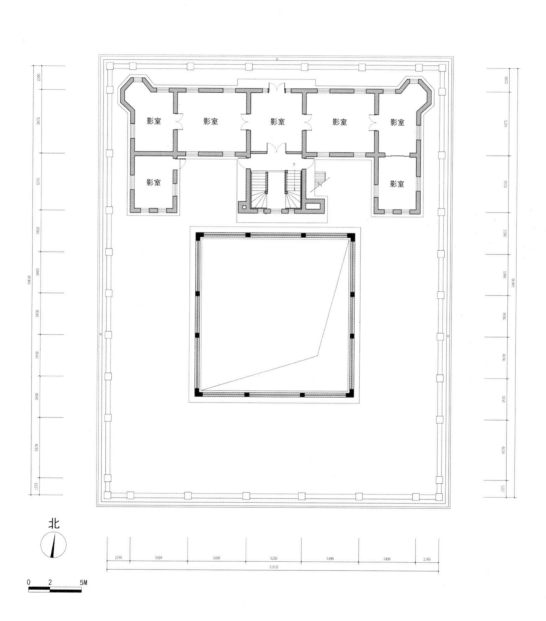

北

0　2　5M

载振时期三层功能布局示意图

面包房 顶进间 巧克力/裱花间
供暖交换站 供暖交换站 储藏室 办公室 顶进间
机房
办公室 冷菜间
收货区 高温冷库 低温冷库 啤酒房 专用厨房 走道
储藏室 肉类加工 面点间 裱花间 凉菜间
储藏室 海鲜加工间 菜类加工
男卫生间 盥洗室 楼梯间 顶进间 备餐室 洗碗间
女卫生间

储藏室

北

0 2 5M

庆王府地下一层平面图

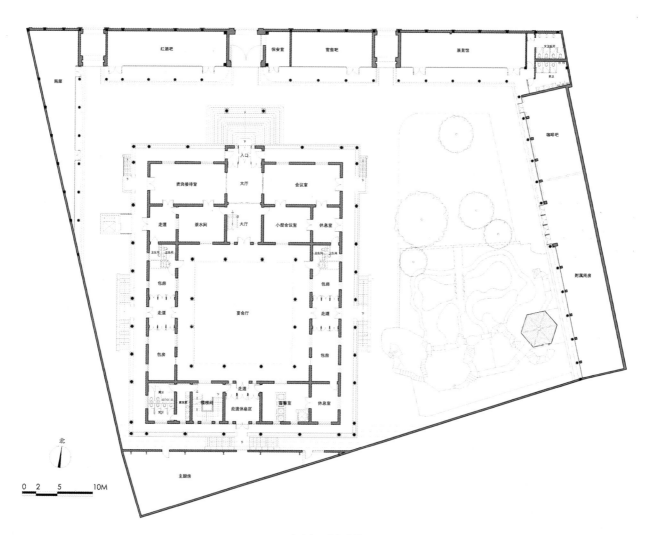

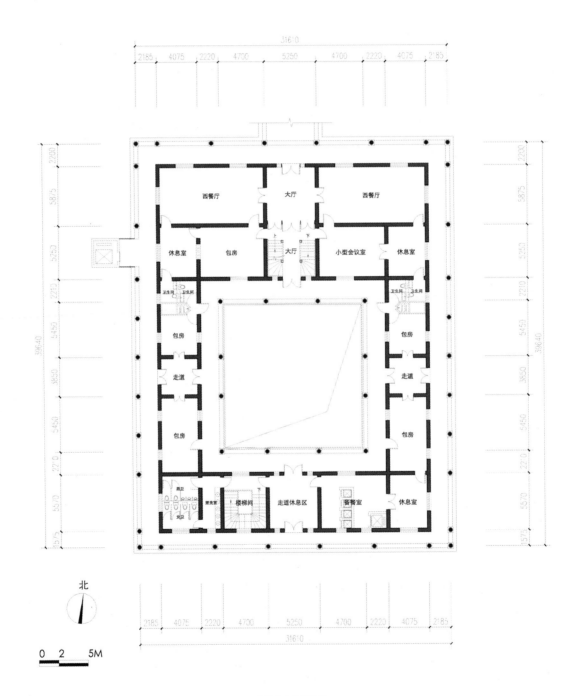

庆王府二层平面图

北

0 2 5M

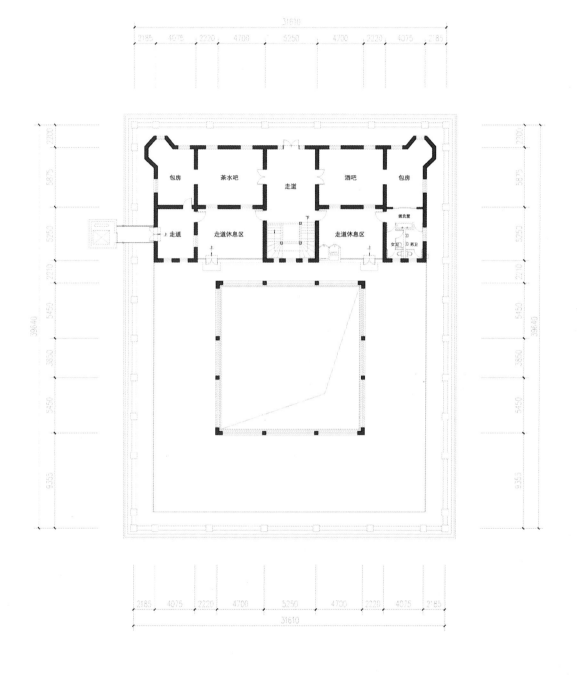

庆王府三层平面图

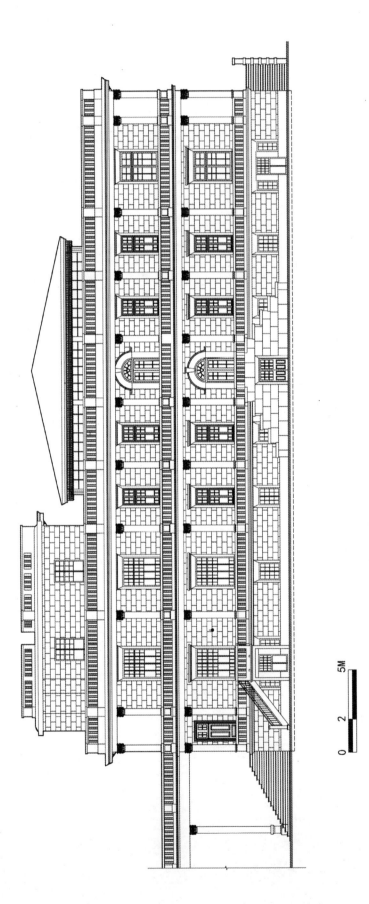

庆王府侧立面图 1

0 2 5M

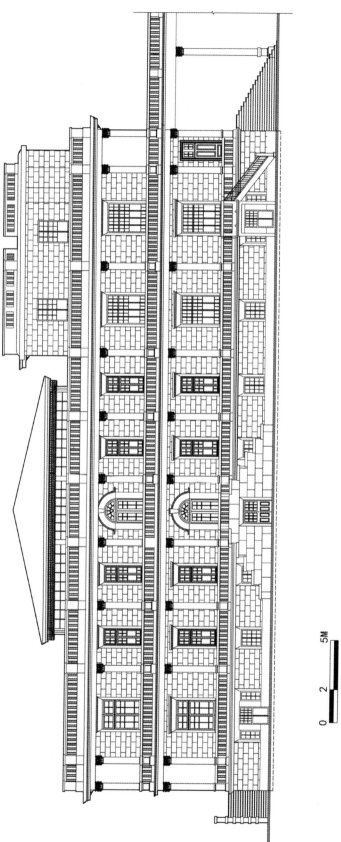

庆王府侧立面图 2

0 2 5M

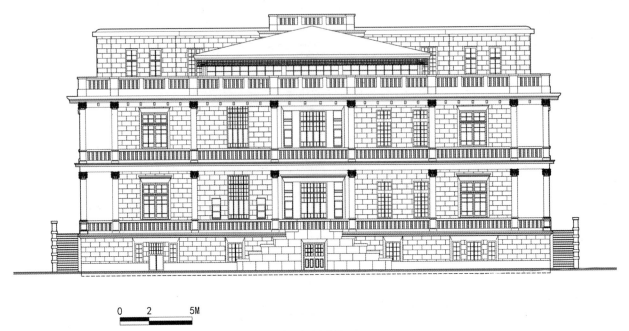

0 2 5M

庆王府正立面图 1

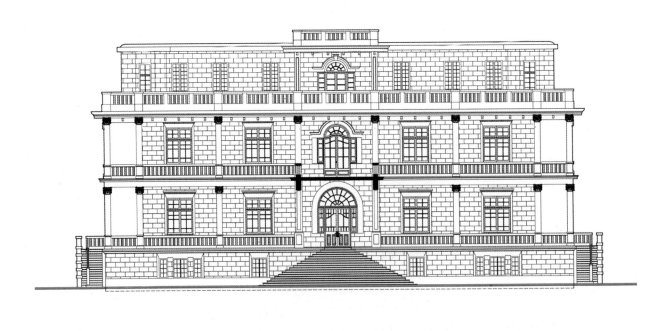

0 2 5M

庆王府正立面图 2

0 2 5M

庆王府剖面图 1

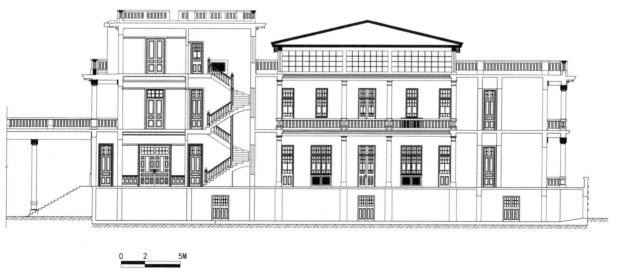

0 2 5M

庆王府剖面图 2

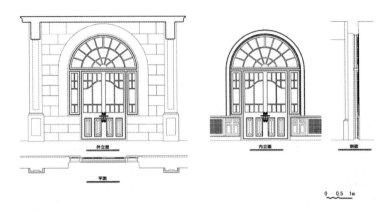

庆王府门窗大样图外檐一层 1

庆王府门窗大样图外檐一层 2

庆王府门窗大样图外檐一层 3

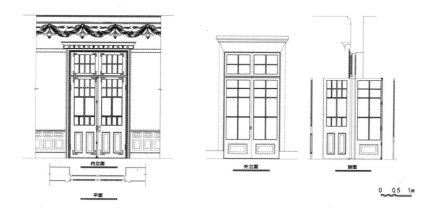

庆王府门窗大样图外檐一层 4

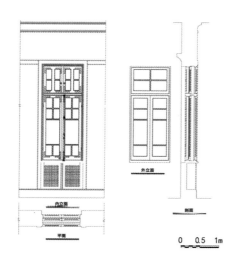

庆王府门窗大样图外檐一层 5

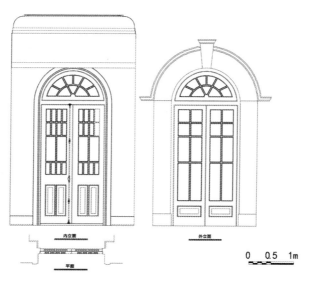

庆王府门窗大样图外檐一层 6

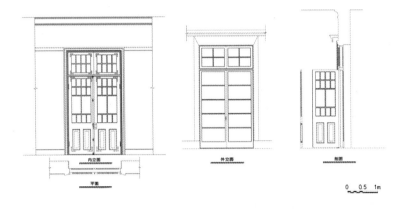

庆王府门窗大样图外檐一层 7

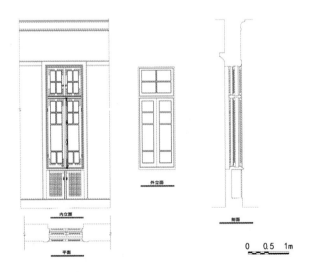

庆王府门窗大样图外檐一层 8

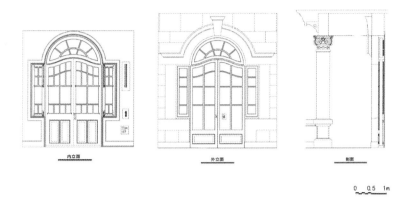

庆王府门窗大样图外檐二、三层 1

庆王府门窗大样图外檐二、三层 2

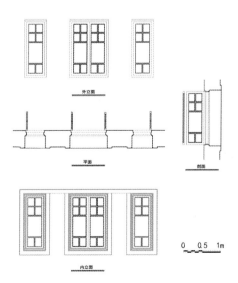

庆王府门窗大样图外檐二、三层 3

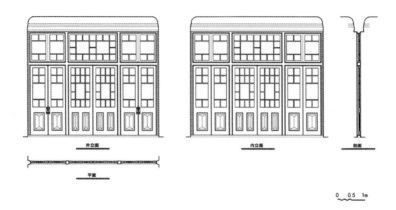

庆王府门窗大样图内檐一层1

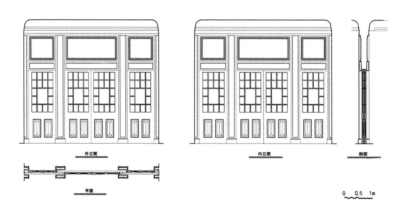

庆王府门窗大样图内檐一层2

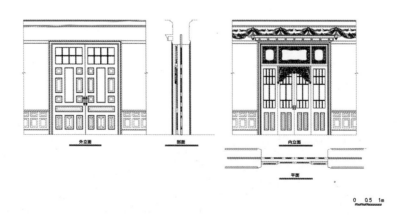

庆王府门窗大样图内檐一层3

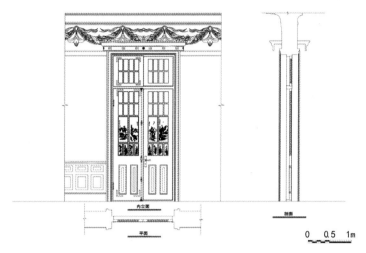

庆王府门窗大样图内檐一层 4

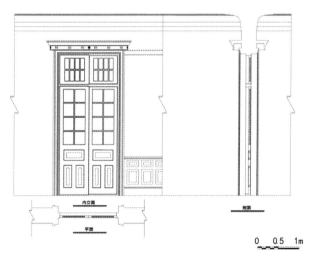

庆王府门窗大样图内檐一层 5

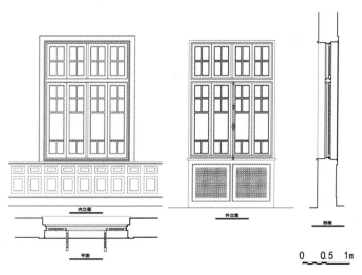

庆王府门窗大样图内檐一层 6

庆王府门窗大样图内檐一层7

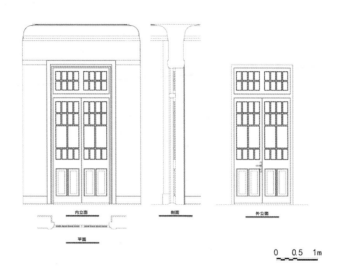

庆王府门窗大样图内檐一层8

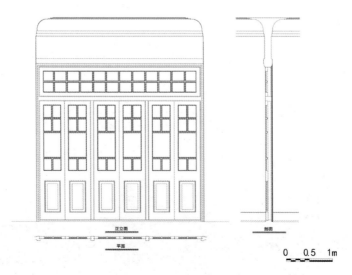

庆王府门窗大样图内檐一层9

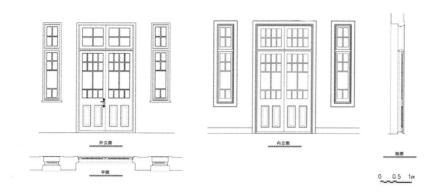

庆王府门窗大样图内檐一层 10

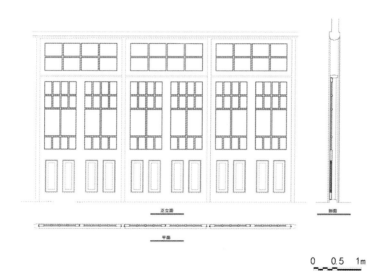

庆王府门窗大样图内檐一层 11

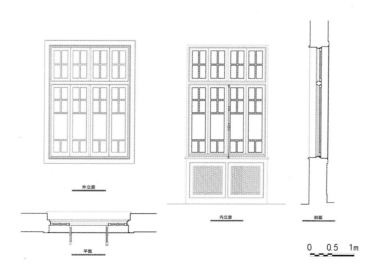

庆王府门窗大样图内檐一层 12

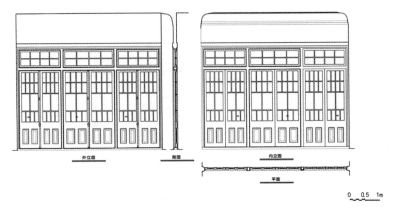

庆王府门窗大样图外檐二、三层 1

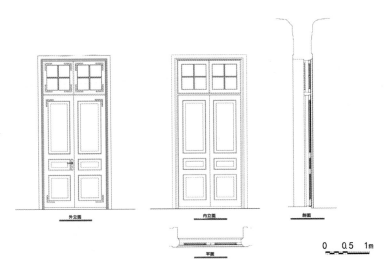

庆王府门窗大样图外檐二、三层 2

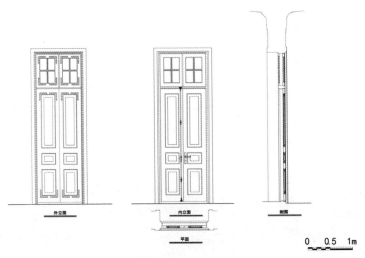

庆王府门窗大样图外檐二、三层 3

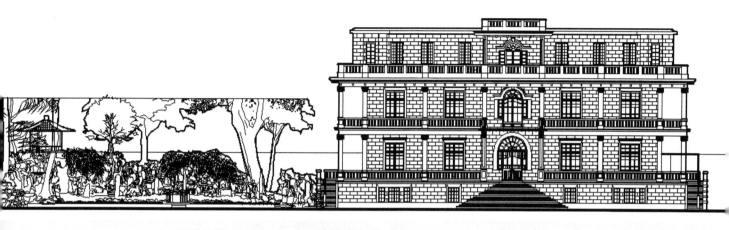

附　录

Appendix

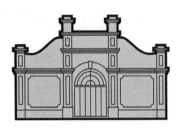

附 录 一

查勘编号：房安鉴风貌2009168

天津市历史风貌建筑

安全查勘报告

建筑名称： 庆王府
坐落地点： 和平区重庆道55号
查勘类别： 房屋安全查勘
查勘日期： 2009年7月14日
委托单位： 天津市保护风貌建筑办公室

查勘单位： （盖章）

单位名称：天津市房屋安全鉴定检测中心
单位地址：天津市河西区利民道27号
邮政编码：300210
单位电话：022-28231529
传　　真：022-28231529

天津市历史风貌建筑安全查勘表

表一：基本概况

建筑名称	庆王府				
坐落地点	和平区重庆道55号				
建筑面积	5922m²	现使用功能	政府用房	建筑编号	0110035
建造年代	1922	地上层数	局部3层	结构形式	砖混
产权单位		地下层数	一层	屋顶形式	平、坡屋顶
使用单位	对外友协	露台	无	抗震设防	未见
原使用功能	住宅	是否临街	是	主立面朝向	北

平面顶点位移变形示意图：

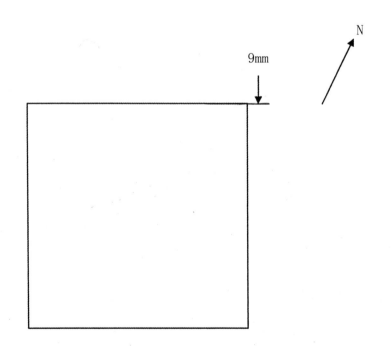

其他说明	建筑物被观测各顶点位移变形均未超出规范规定范围

天津市历史风貌建筑安全查勘表

表二：外檐一（注：缺损位置应在附后简图中指出）　　　　　　　　　　mm

	建筑名称或地址		和平区重庆道55号					
墙体	层数		地下一层	一层	二层	三层		
	位置		外墙	外墙	外墙	外墙		
	层高		2.700	4.200	4.200	4.200		
	厚度		558	500	500	500		
	砌体材料（照片编号）		青机砖（编号1）	青机砖（编号1）	青机砖（编号1）	青机砖（编号1）		
	砌筑材料		未能查勘	未能查勘	未能查勘	未能查勘		
	砂浆强度		未能查勘	未能查勘	未能查勘	未能查勘		
	墙面装饰形式		水刷石	水刷石	水刷石	水刷石		
	墙面装饰材料（照片编号）		水刷石（编号2）	水刷石（编号2）	水刷石（编号2）	水刷石（编号2）		
	缺损（照片编号）		无	无	无	有（编号1）		
	拆改（照片编号）		无	无	无	无		
	抗震设防	梁	位置（照片）	无				
			截面					
			材料（照片）					
		柱	位置（照片）	无				
			截面					
			材料					
		拉杆	位置	无				
			截面					
			材料					
		缺损（照片编号）		无				
	地下室防水做法（照片编号）		未能查勘					
	缺损（照片编号）		/					
	拆改（照片编号）		/					
	完损描述		三层外檐抹灰层脱落、开裂（编号1）；入口处附属楼二层墙体开裂（编号3）；室外地坪以上水刷石墙面为后修补					

外墙材料、三层破损（编号1）

墙饰面材料（编号2）

附属楼外檐墙体饰面破损（编号3）

天津市历史风貌建筑安全查勘表

表三：外檐二（注：缺损位置应在附后简图中指出）　mm

建筑名称或地址		和平区重庆道55号			
过梁	层数	地下一层	一、二层	一、二层	三层
	位置	外檐	外檐	外檐	外檐
	过梁形式 （照片编号）	平式 （编号4）	平式 （编号5）	拱式 （编号6）	平式 （编号7）
	过梁跨度	600、1000、1500、1200	1000、1800、600、1500	1800、4000	600、1000、1800、1500
	拱券矢高	/	/	1200	/
	过梁截面	500×500	500×500	500×500	500×500
	过梁材料 （照片编号）	混凝土 （编号4）	混凝土 （编号5）	混凝土 （编号6）	混凝土 （编号7）
	材料与装饰 （照片编号）	水刷石 （编号4）	水刷石 （编号5）	水刷石 （编号6）	水刷石 （编号7）
	缺损 （照片编号）	无	无	无	无
	拆改 （照片编号）	无	无	无	无
	完损描述	基本完好			

地下室过梁装饰形式（编号4）　　一、二层平式过梁装饰形式（编号5）　　一、二层拱式过梁装饰形式（编号6）　　三层过梁装饰形式（编号7）

天津市历史风貌建筑安全查勘表

表四：外檐三（注：缺损位置应在附后简图中指出）

建筑名称或地址			和平区重庆道55号				
门窗、门窗套	门窗	层数	地下一层	一层	二层	三层	
		位置	外檐	外檐	外檐	外檐	
		门形式（照片编号）	平开（编号8）	平开（编号9）	平开（编号9）	平开（编号8）	
		门材料	木制	木制	木制	木制	
		窗形式（照片编号）	平开（编号11）	平开（编号11）	平开（编号11）	平开（编号10）	
		窗材料	木制	木制	木制	木制	
	门窗套	层数					
		位置	无				
		装饰形式（照片编号）					
		材料					
	损坏部位（照片编号）		无	无	无	（编号10）	
	拆改部位（照片编号）		无	无	无	无	
	完损描述		三层门窗糟朽变形，油漆脱落（编号10）				

地下室门形式（编号8）　　一、二层门形式（编号9）　　三层窗形式、破损（编号10）　　地下室和一、二层窗形式（编号11）

天津市历史风貌建筑安全查勘表

表五：外檐四（注：缺损位置应在附后简图中指出）　　　　　　　　　　mm

建筑名称或地址			和平区重庆道55号			
外廊	柱	位置 （照片编号）	一层周圈	二层周圈		
		柱形式 （照片编号）	圆 （编号12）	圆 （编号13）		
		柱高度	4200	4200		
		柱截面	$\phi 450$、$\phi 440$	$\phi 450$、$\phi 440$		
		柱材料	未发现钢筋	未发现钢筋		
		饰面材料	水刷石	水刷石		
		缺损 （照片编号）	无	有 （编号13）		
		拆改 （照片编号）	无	无		
	梁	位置 （照片编号）	一层 （编号14）	二层 （编号15）		
		梁形式 （照片编号）	连续	连续		
		梁跨度	5400、4800、1800、 5534、4542	5400、4800、1800、 5534、4542		
		梁截面	300×300	300×300		
		梁材料	钢筋混凝土	钢筋混凝土		
		饰面材料	水刷石	水刷石		
		缺损 （照片编号）	无	有 （编号15）		
		拆改 （照片编号）	无	无		
	板	位置	一层	二层		
		板厚度	未能查勘	未能查勘		
		板跨度	1885	1885		
		板材料	钢筋混凝土	钢筋混凝土		
		缺损 （照片编号）	无	无		
		拆改 （照片编号）	无	无		

续表

建筑名称或地址			和平区重庆道55号			
外廊	栏杆	位置	一层	二层		
		栏杆形式 （照片编号）	彩色六棱琉璃柱、 水磨石扶手 （编号16）	彩色六棱琉璃柱、水磨 石扶手 （编号16）		
		栏杆高度	900	900		
		栏杆材料	琉璃、青砖	琉璃、青砖		
		饰面材料	水刷石	水刷石		
		缺损 （照片编号）	无	无		
		拆改 （照片编号）	无	无		
	完损描述		二层前檐连廊柱头破损（编号13） 二层南侧外廊连梁混凝土破损、钢筋锈蚀（编号15）			

一层外廊柱形式（编号12）

二层外廊柱形式、破损（编号13）

一层外廊梁形式（编号14）

二层外廊梁形式、破损（编号15）

一、二层外廊栏杆（编号16）

天津市历史风貌建筑安全查勘表

表六：外檐五（注：缺损位置应在附后简图中指出）　　　　　　　　　mm

	建筑名称或地址	和平区重庆道55号					
挑檐	位置	一层顶	二层顶				
	挑檐形式（照片编号）	板式（编号17）	板式（编号18）				
	挑檐材料	混凝土	混凝土				
	挑檐宽度	400	700				
	板厚度	未能查勘	未能查勘				
	顶棚处理	水泥抹灰	水泥抹灰				
	饰面材料	水泥砂浆	水泥砂浆				
	缺损（照片编号）	有（编号17）	有（编号18）				
	拆改（照片编号）	无	无				
	完损描述	一、二层外廊板顶挑檐多处混凝土破损、钢筋锈蚀（编号17）、（编号18）					

一层挑檐形式、破损（编号17）

二层挑檐形式、破损（编号18）

天津市历史风貌建筑安全查勘表

表七：外檐六（注：缺损位置应在附后简图中指出）　　　　　　　mm

建筑名称或地址		和平区重庆道55号				
楼梯	位置 （照片编号）	三层				
	楼梯材料	钢制				
	楼梯形式 （照片编号）	直跑 （编号19）				
	楼梯宽度	900				
	踏步尺寸	220×220				
	扶手材料	铁管				
	缺损 （照片编号）	有 （编号19）				
	拆改 （照片编号）	有				
	完损描述	钢制楼梯油漆脱落、反锈（此钢制楼梯CAD图未标注，应为后期拆改）				

楼梯形式、破损（编号19）

天津市历史风貌建筑安全查勘表

表八：外檐七（注：缺损位置应在附后简图中指出）

建筑名称或地址		和平区重庆道55号					
台阶、坡道	位置 （照片编号）	主入口处 （编号20）	东侧入口处 （编号22）	西侧入口处 （编号23）	南侧入口处 （编号24）		
	坡道高度	/	/	/	/		
	踏步尺寸/mm 蹬数/个	340×155， 17	230×150， 17	230×150， 17	230×150， 17		
	材料	石材	砖	砖	石材		
	缺损 （照片编号）	无	无	无	有 （编号24）		
	拆改 （照片编号）	有 （编号21）	无	无	无		
	完损描述	主入口石材后经修复颜色与原石材不一致（编号24）； 南侧入口石材表面剥皮（编号21）					

主入口台阶（编号20）

主入口台阶拆改（编号21）

东侧入口台阶（编号22）

西侧入口台阶（编号23）

南侧入口台阶、破损（编号24）

天津市历史风貌建筑安全查勘表

表九：内檐一（注：缺损位置应在附后简图中指出）　　　　　　　　　mm

建筑名称或地址		和平区重庆道55号					
	层数	地下一层	一层	二层	三层		
	位置	内墙	内墙	内墙	内墙		
	层高	2.700	4.200	4.200	4.200		
	厚度	500	500	500	500		
	砌体材料（照片编号）	青砖（编号25）	青砖（编号25）	青砖（编号25）	青砖（编号25）		
	砌筑材料	未能查勘	未能查勘	未能查勘	未能查勘		
	砂浆强度	未能查勘	未能查勘	未能查勘	未能查勘		
	缺损（照片编号）	无	无	无	无		
	拆改（照片编号）	无	无	无	无		
墙体	层数	地下一层	一层	二层	三层		
	位置	内墙	内墙	内墙	内墙		
	饰面材料（照片编号）	白麻刀灰（编号26）	白麻刀灰（编号26）	白麻刀灰（编号26）	白麻刀灰（编号26）		
	层数	一层	二层				
	位置	顶棚与墙体交接处	顶棚与墙体交接处				
	室内装饰线（照片编号）	灰线（编号27）	灰线（编号27）				
墙面装饰	层数						
	位置	无					
	壁炉（照片编号）						
	层数	一层	二层	三层			
	位置	墙体	墙体	墙体			
	挂镜线（照片编号）	有（编号29）	有（编号29）	有（编号29）			
护墙板	层数	一层	二层				
	位置	内墙	内墙				
	形式（照片编号）	（编号30）	（编号30）				
	高度	1000	1000				
	材料	木	木				

天津市历史风貌建筑安全查勘表

续表

建筑名称或地址		和平区重庆道55号					
抗震设防	层数						
	位置	未见					
	形式（照片编号）						
墙体	防水做法	未能查勘					
	缺损（照片编号）	有（编号26）					
	拆改（照片编号）	无					
	完损描述	地下室局部抹灰层脱落、爆皮、开裂（编号26）					

内墙材料、装饰破损（编号25）

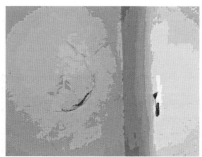

内墙饰面材料、破损（编号26）

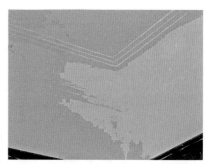

室内装饰线（编号27）

共享空间屋面材料（编号28）

挂镜线（编号29）

护墙板（编号30）

天津市历史风貌建筑安全查勘表

表十：内檐二（注：缺损位置应在附后简图中指出）

建筑名称或地址		和平区重庆道55号					
隔断	位置	一层	二层	三层			
	隔断形式（照片编号）	木格栅（编号31）	木格栅（编号31）	板条木龙骨（编号32）			
	隔断材料	木	木	木龙骨、板条、白灰			
	面层做法	油漆	油漆	涂料			
	缺损（照片编号）	无	无	有（编号33）			
	拆改（照片编号）	无	无	无			
	完损描述	三层隔断抹灰层开裂（编号33）					

一、二层隔断形式（编号31）

三层隔断形式（编号32）

三层隔断抹灰层开裂（编号33）

天津市历史风貌建筑安全查勘表

表十一：内檐三（注：缺损位置应在附后简图中指出）　　　　　　　　mm

建筑名称或地址		和平区重庆道55号					
内廊柱	层数	一层	二层				
	位置	共享空间（编号34）	共享空间（编号34）				
	柱高度	4100	4100				
	柱截面	$\phi 450$	$\phi 450$				
	柱间距	4800、4300、5000	4800、4300、5000				
	柱材料	未发现钢筋	未发现钢筋				
	混凝土强度	/	/				
	饰面材料	白灰	白灰				
	缺损（照片编号）	无	无				
	拆改（照片编号）	无	无				
	完损描述						

一、二层内廊柱（编号34）

天津市历史风貌建筑安全查勘表

表十二：内檐四（注：缺损位置应在附后简图中指出）　　　　　　　　　mm

建筑名称或地址		和平区重庆道55号				
内廊梁	层数	一层	二层			
	位置	共享空间（编号35）	共享空间（编号35）			
	梁截面	300×300	300×300			
	梁跨度	4800、4300、5000	4800、4300、5000			
	梁间距	/	/			
	梁材料	混凝土	混凝土			
	混凝土强度	未能查勘	未能查勘			
	饰面材料	白灰	白灰			
	缺损（照片编号）	无	无			
	拆改（照片编号）	无	无			
	完损描述	基本完好				

内廊梁形式（编号35）

天津市历史风貌建筑安全查勘表

表十三：内檐五（注：缺损位置应在附后简图中指出）

建筑名称或地址			和平区重庆道55号				
楼地面	结构	层数	地下室	一层、二层	一层、二层	三层		
		位置	地面	内廊地面	居室、走道地面	地面		
		结构形式（照片编号）	混凝土结构	混凝土结构	木结构	木结构		
		共享空间（照片编号）	无	有（编号36）	有（编号36）	无		
		龙骨截面	/	/	未能查勘	未能查勘		
		龙骨间距	/	/	未能查勘	未能查勘		
		混凝土板厚度	未能查勘	未能查勘	/	/		
		混凝土板跨度	未能查勘	未能查勘	/	/		
		混凝土强度	未能查勘	未能查勘	/	/		
	面层	层数	地下室	一层	一层、二层	三层	一层	二层
		位置	地面	共享空间	居室、走道地面	地面	厕所	内廊
		地面材料（照片编号）	水磨石（编号37）	水磨石（编号38）	木地板（编号40）	木地板（编号41）	地砖（编号42）	水磨石（编号38）
	缺损（照片编号）		无	有（编号39）	无	无	无	
	拆改（照片编号）		无	无	无	无	无	
	完损描述		一层共享空间水磨石地面多处有裂缝（编号39）					

一、二层共享空间（编号 36）

地下室地面（编号 37）

一、二层共享空间地面（编号 38)

一、二层共享空间水磨石地面破损（编号 39）

一、二层木地板（编号 40)

三层木地板（编号 41）

厕所瓷砖地面（编号 42）

天津市历史风貌建筑安全查勘表

表十四：内檐六（注：缺损位置应在附后简图中指出）　　　　　　mm

		和平区重庆道55号		
内廊栏杆	层数	一层	二层	
	位置	共享空间	共享空间	
	栏杆形式（照片编号）	彩色六棱琉璃柱、水磨石扶手（编号43）	彩色六棱琉璃柱、水磨石扶手（编号43）	
	栏杆高度	915	915	
	栏杆材料	琉璃、水磨石	琉璃、水磨石	
	饰面材料	扶手为水磨石	扶手为水磨石	
	拆改（照片编号）	无	无	
	完损描述	基本完好		

内廊栏杆（编号43）

地下室过梁形式（编号44）

天津市历史风貌建筑安全查勘表

表十五：内檐七（注：缺损位置应在附后简图中指出）　　　　mm

建筑名称或地址		和平区重庆道55号					
过梁	层数	地下一层	一层	二层	三层		
	位置	内墙	内墙	内墙	内墙		
	过梁形式 （照片编号）	平式 （编号44）	平式 （编号45）	平式 （编号46）	平式 （编号47）		
	过梁跨度	1000	600、1800、 1000、1500	600、1800、 1000、1500	600、1800、 1000、1500		
	拱券矢高	/	/	/	/		
	过梁截面	未能查勘	未能查勘	未能查勘	未能查勘		
	过梁材料	混凝土	混凝土	混凝土	混凝土		
	饰面材料	白麻刀灰	白麻刀灰	白麻刀灰	白麻刀灰		
	缺损 （照片编号）	无	无	无	无		
	拆改 （照片编号）	无	无	无	无		
	完损描述	基本完好					

一层过梁形式（编号45）　　　　二层过梁形式（编号46）

三层过梁形式（编号47）

天津市历史风貌建筑安全查勘表

表十六：内檐八（注：缺损位置应在附后简图中指出）

建筑名称或地址			和平区重庆道55号					
门窗、门窗套	门窗	层数	地下一层	一层	二层	三层		
		位置	内墙	内墙	内墙	内墙		
		门形式（照片编号）	平开（编号48）	平开（编号49）	平开（编号50）	平开（编号51）		
		门材料	木制	木制	木制	木制		
		窗形式（照片编号）	平开（编号54）	平开（编号49）	平开（编号55）	固定（编号53）		
		窗材料	/	木制	木制	木制		
	门窗套	层数	一层	一层	二层	二层	三层	三层
		位置	外檐门窗内套	内檐门窗套	外檐门窗内套	内檐门窗套	外檐门窗内套	内檐门窗套
		装饰形式（照片编号）	口圈（编号52）	口圈（编号49）	口圈（编号52）	口圈（编号50）	口圈（编号53）	口圈（编号51）
		材料	木制	木制	木制	木制	木制	木制
		缺损（照片编号）	无	无	无	无	无	无
		拆改（照片编号）	无	无	无	无	无	无
完损描述			基本完好					

地下室内檐门形式（编号48）

一层内檐门窗形式、门窗套（编号49）

二层内檐门窗形式、门套（编号50）

三层内檐门窗形式、门套（编号51）

一、二层外檐窗内套（编号 52）

三层外檐窗形式、窗套（编号 53）

地下室内檐窗形式（编号 54）

二层内檐窗形式（编号 55）

天津市历史风貌建筑安全查勘表

表十七：内檐九（注：缺损位置应在附后简图中指出）

建筑名称或地址		和平区重庆道55号				
顶棚	位置	地下一层	一层	二层	三层	共享空间
	材料	石膏板、抹灰	装饰石膏板	装饰石膏板	装饰石膏板	吸音板
	装饰（照片编号）	吊顶（编号56）	吊顶（编号58）	吊顶（编号58）	吊顶（编号58）	吊顶（编号59）
	缺损（照片编号）	有（编号57）	无	无	无	无
	拆改（照片编号）	无	无	无	无	无
	完损描述	地下室顶棚局部出泛碱、抹灰层脱落、渗漏（编号57）				

地下室石膏板吊顶（编号 56)

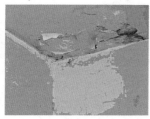
地下室顶棚破损（编号 57)

一、二、三层装饰石膏板吊顶（编号 58）

一、二层共享空间吸声板吊顶（编号 59)

217

天津市历史风貌建筑安全查勘表

表十八：内檐十（注：缺损位置应在附后简图中指出）　　　　　　　　mm

建筑名称或地址		和平区重庆道55号					
楼梯	位置	一、二、三层					
	楼梯形式 （照片编号）	折跑 （编号60）					
	楼梯宽度	1282					
	梁截面	/					
	楼梯材料	木制					
	扶手材料	木制					
	面层材料	木制					
	混凝土强度	/					
	缺损 （照片编号）	有 （编号61）					
	拆改 （照片编号）	无					
	完损描述	二层楼梯自第五蹬起右侧向下倾斜，最大25mm（编号61）					

楼梯形式（编号60）

二层楼梯右侧倾斜（编号61）

天津市历史风貌建筑安全查勘表

表十九：屋顶一（注：缺损位置应在附后简图中标出）

建筑名称或地址		和平区重庆道55号					
屋顶	位置 （照片编号）	二层顶	三层顶	共享空间			
	屋顶形式 （照片编号）	平式	平式	四坡			
	老虎窗 （照片编号）	/	/	有 （编号62）			
	檩条截面	/	/	/			
	檩条间距	/	/	/			
	椽子截面	/	/	/			
	椽子间距	/	/	/			
	穹顶矢高	/	/	/			
	穹顶水平尺寸	/	/	/			
	望板厚度	/	/	/			
	缺损 （照片编号）	无	无	无			
	拆改 （照片编号）	无	有 （编号63）	有 （编号64）			
	完损描述	共享空间为彩钢板屋面，应为后期修改； 三层屋面增加通信设备，其型钢支点坐落在墙上					

老虎窗（编号62）

三层屋顶拆改（编号63）

共享空间屋顶拆改（编号64）

天津市历史风貌建筑安全查勘表

表二十：屋顶二（注：缺损位置应在附后简图中标出）

建筑名称或地址		和平区重庆道55号					
屋面	位置	二层顶	三层顶	共享空间			
	屋面材料 （照片编号）	彩砂SBS （编号65）	卷材油毡 （编号66）	彩钢板 （编号28）			
	防水做法	SBS	油毡	自防水			
	保温层材料	未能查勘	未能查勘	自带			
	缺损 （照片编号）	有 （编号65）	无	无			
	拆改 （照片编号）	无	无	无			
	完损描述	二层屋面防水材料保护层大部脱落（编号65）					

二层屋面材料、破损（编号65）

三层屋面材料（编号66）

天津市历史风貌建筑安全查勘表

表二十一：建筑简图一（注：缺损位置简图中指出）

建筑名称或地址	和平区重庆道55号

地下室破损示意图

说明：

　　1.地下室局部抹灰层脱落、爆皮、开裂（编号26）；

　　2.地下室顶棚局部出泛碱、抹灰层脱落、渗漏（编号57）

天津市历史风貌建筑安全查勘表

表二十二：建筑简图二（注：缺损位置简图中指出）

建筑名称或地址	和平区重庆道55号

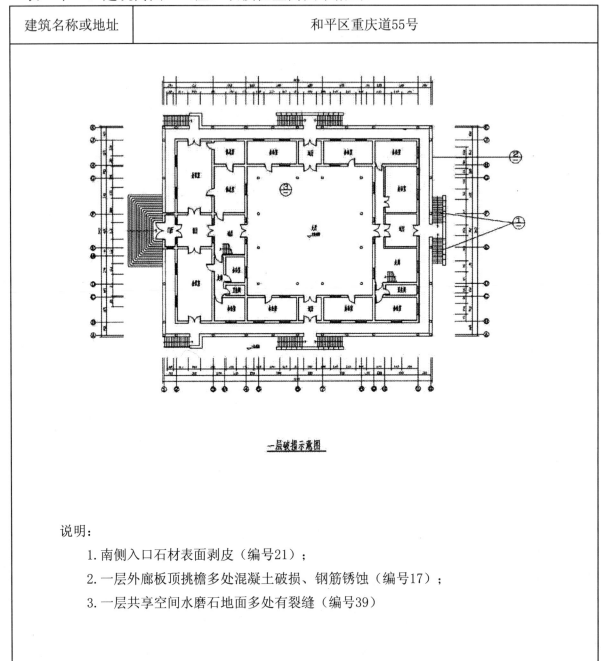

一层破损示意图

说明：

1. 南侧入口石材表面剥皮（编号21）；

2. 一层外廊板顶挑檐多处混凝土破损、钢筋锈蚀（编号17）；

3. 一层共享空间水磨石地面多处有裂缝（编号39）

天津市历史风貌建筑安全查勘表

表二十三：建筑简图三（注：缺损位置简图中指出）

建筑名称或地址	和平区重庆道55号

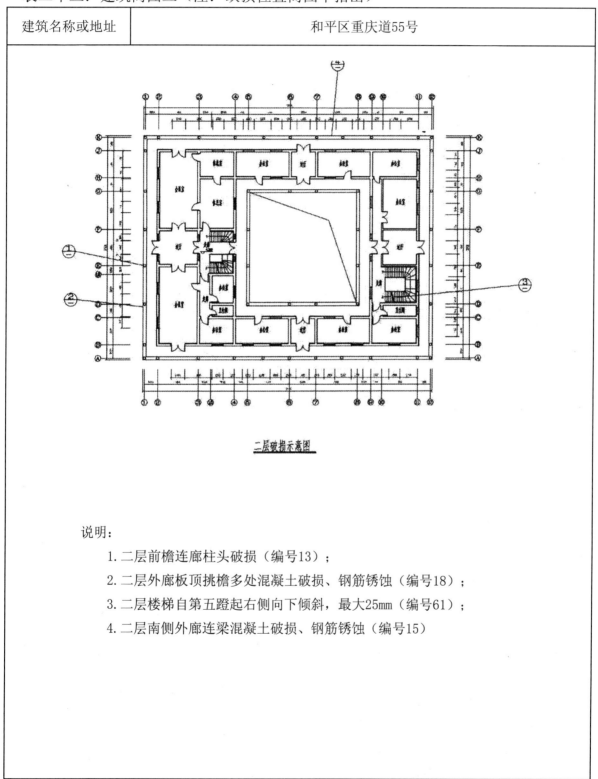

二层破损示意图

说明：

    1. 二层前檐连廊柱头破损（编号13）；

    2. 二层外廊板顶挑檐多处混凝土破损、钢筋锈蚀（编号18）；

    3. 二层楼梯自第五蹬起右侧向下倾斜，最大25mm（编号61）；

    4. 二层南侧外廊连梁混凝土破损、钢筋锈蚀（编号15）

天津市历史风貌建筑安全查勘表

表二十四：建筑简图四（注：缺损位置简图中指出）

建筑名称或地址	和平区重庆道55号

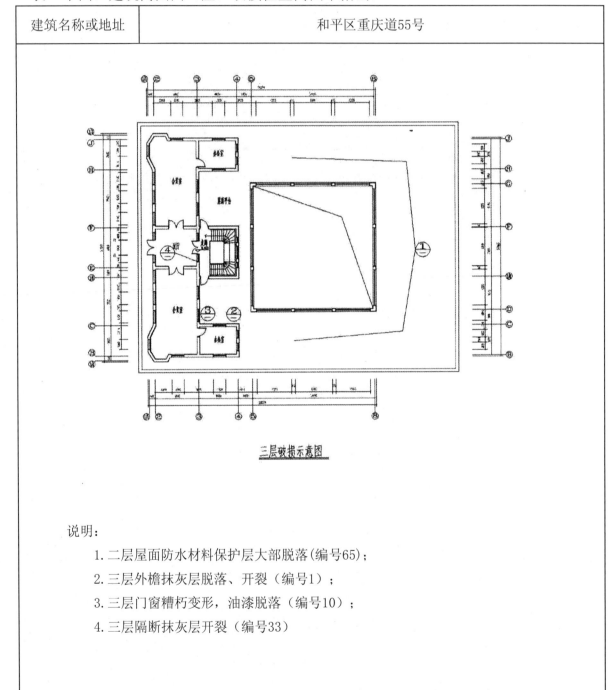

三层破损示意图

说明：

    1.二层屋面防水材料保护层大部脱落(编号65)；

    2.三层外檐抹灰层脱落、开裂（编号1）；

    3.三层门窗糟朽变形，油漆脱落（编号10）；

    4.三层隔断抹灰层开裂（编号33）

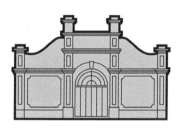

附 录 二

天津市和平区
庆王府木制品颜色

材料检测分析报告

委托单位：　天津市历史风貌建筑整理有限责任公司

同济大学

二〇一〇年六月二十日

一、委托及检测样品

受天津市历史风貌建筑整理有限责任公司委托，同济大学历史建筑保护技术实验室对天津市和平区庆王府（图1）木制品颜色进行检测，检测样品见表1。

图1 天津市和平区庆王府（业主提供）

表1 样品目录

	材料类型	检测内容
1	庆王府外檐窗扇	颜色
2	庆王府外檐窗框	颜色
3	庆王府内檐门框	颜色
4	庆王府内檐门扇	颜色
5	庆王府木地板	颜色

二、检测结果

1. 庆王府外檐窗扇及框

样品采集位置见图2。

图2 庆王府外檐窗框与扇取样（业主提供）

样一庆王府外檐窗扇经过剥离处理后，与木材按接触的最底层颜色为褐色（图3），从底层到面层约有6层不同时期褐色—紫红色的不同色调的油漆（图4）。

图3 样一最底层油漆颜色

图4 样一不同时期的油饰

样二庆王府外檐窗框经过剥离处理后，最底层的颜色与样一的窗扇基本相同，为褐色（图5），后期刷有4层以上不同褐色调的漆（图6）。

图5 样二剥离后最底层油漆颜色

图 6 从底层到面层，约有 4 层不同的油漆

2. 内檐门扇及框

内檐门扇与框取样见图7图9。

图 7 内门（业主提供）

图 8 内檐门扇与框取样（业主提供）

图 9 内檐门框取样（业主提供）

样三庆王府内檐门框在显微镜下脱除掉表层紫红色的遮盖漆后，底层为一种胶状物（图10）。在显微镜下，透明度很高，未见任何颜料或其他填充物。胶状物表面有斑点状老化物，显褐色（图11）。原始的油饰推测应该为没有添加颜料的无色透明的类似明胶类漆，老化后表面发黏，粘有灰尘等并变成褐色，局部有开裂。

图 10 剥离涂料后

图 11 底层为一种胶状物

样四庆王府内檐门扇上残留的油饰为无色透明的胶状物（图12），其中也未见任何颜料或填料，褐色是后期老化导致的（图13）。其原始颜色与样三基本一致。

图 12 内檐门扇上残留的油饰

图 13 无色透明的胶状物，表面有斑点状老化产物

3.地板

样五庆王府木地板现有表面的颜色为紫红色（图14），剥离后，与木材接触部位为腻子状物质，含有白色骨料，上有1～2层暗红色油饰（图15）。但是由于地板木板已经发生灰变，且灰变深度为达1.2～1.5mm，说明此层腻子也非原始涂层。应该是木地板使用了相当长的时间后翻新时涂饰的产物，原始涂层可能为无色透明

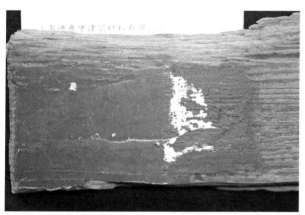

图 14 地板刷涂的不同时期油漆

图 15 地板刷涂的不同时期油漆（细部），底层为添加填料的腻子材料

的清油一类材料，但在所取样品中无任何残留。地板曾经被刷成白色。

三、结论

如果庆王府外檐窗扇的木材为原始木材，则其原始颜色很可能为褐色。如果庆王府内檐门框、扇的木材为原始木材，则其原始颜色很可能为无色透明，没有添加颜料；而现有地板最底层的颜色非原始的油漆残留，参照门的颜色，地板原始可能没有着色。

同济大学建筑与城市规划学院/教授　戴仕炳博士

高密度人居环境生态与节能教育部重点实验室

同济大学历史建筑保护技术实验室

四平路1239号　文远楼

021-39872500，021-39872300

021-65982265

E-mail: ds_build@163.com

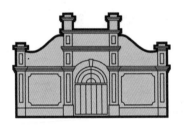

附 录 三

天津市和平区
湖南路9号、河北路288号、庆王府

材料检测分析报告

委托单位：　天津市历史风貌建筑整理有限责任公司

同济大学

二〇一〇年三月二十八日

收到的样品

一、委托

受天津市历史风貌建筑整理有限责任公司委托，同济大学历史建筑保护技术实验室对天津市和平区湖南路9号、河北路288号、庆王府等历史建筑的部分材料进行检测。

表1 本项目检测内容

序号	材料实验室分析内容	测点
1	外立面砖：原材料组成的分析，烧制温度，色彩	河北路288号外檐砖
		湖南路9号外檐砖
	屋顶筒瓦	河北路288号屋顶瓦
2	砖墙勾缝：材料类型及定性配比分析	湖南路9号勾缝灰
3	外墙抹灰：材料配比，沙石类型（配比、粒径、色彩等），水泥类型	湖南路9号外檐灰
4	室内木漆原有颜色确定	河北路288号门窗
		湖南路9号门窗
5	水刷石材料配比的定量恢复及样板制作	庆王府三层外檐水刷石
6	报告(含修缮方案建议) 2份，彩色，CD两份，中文	以上所测内容

二、检测样品

检测研究的样品由委托方天津市历史风貌建筑整理有限责任公司采集。

表2 委托方采集的样品

样品编号	样品位置
样品1	湖南路9号外檐砖
样品2	河北路288号外檐砖
样品3	河北路288号屋顶瓦
样品4	湖南路9号勾缝灰
样品5	湖南路9号外檐灰
样品6	湖南路9号门窗
样品7	河北路288号门窗
样品8	庆王府三层外檐水刷石

三、检测结果

（一）湖南路9号

据委托方提供的资料，该建筑位于湖南路，为花园式私人别墅，主楼三层，有附属楼房两座，以连廊相接。有前院、侧院和后院三个院落。入户大门颇具特色。主楼外檐琉缸砖墙面，三层为水泥拉毛墙面。双槽木窗，有砖砌窗套。

1. 湖南路9号外檐砖

湖南路9号外檐的两块砖样品具有不同的表面，其中一块砖面为黑色，有明显涂层，经检验，该黑色涂层可以

湖南路9号主楼，样品1(委托方提供)

湖南路9号与主楼相连附属楼外檐砖1，样品1(委托方提供)

湖南路9号与主楼相连附属楼外檐2，样品1（委托方提供）

样品1砖内空洞，可见粘在砖表面的砌筑砂浆

被溶剂溶蚀，成分为沥青，该沥青可能为后期搭建时涂刷到砖面的。而另一块砖表面为褐黑色。新鲜面两块砖的颜色基本相同，为褐红色。砖一侧有丝切纹。

该砖的主要成分为细砂、黏土，与上海等南方地区的砖相比，黏土含量比较低，烧制温度为1000～1100℃。表面发现熔融现象，多孔状，类似矿渣，说明琉面为原始的。

砂粒及拉丝纹

样品1，两块表面完全不同的砖

两块砖的断裂面，颜色略有区别

残余勾缝剂

样品1砖平面物褐色釉层，上块砖平面见丝切纹，下块砖平面则缺失丝切纹

类似矿渣的多孔状黑釉，说明黑色为原始颜色

2. 砌筑灰浆及外墙灰

委托方提供的湖南路9号勾缝灰其实为砌筑灰浆，灰白色，可见石灰颗粒，肉眼及在体视显微镜下观测为石灰砂浆。残留在砖表面的勾缝剂为水泥砂浆。而湖南路的外墙面抹灰为灰色，可见粒度大于4mm的石英颗粒，表面粗糙，有较多空洞，为一种类似今天喷射粗面装饰水泥粉刷。

采用化学方法对砂浆的黏结剂及骨料相对含量进行了定量分析，可为修复砂浆的原真性修复提供科学理论依据。筛分的方法是对砂浆中骨料的粒径进行分析，判断骨料的粒径组成。

分析使用样品除委托方取样外，还从样品1砖上砂浆及样品2砖上砂浆取样，以做对比 。

表3 砂浆化学分析样品清单

序号	样品编号	描述
1	T-Ⅰ	样品1砖上砂浆
2	T-Ⅱ	样品2砖上砂浆
3	T-Ⅲ	样品5湖南路9号外檐墙灰
4	T-Ⅳ	样品4湖南路9号外檐砖墙勾缝灰

湖南路9号外檐灰样品

湖南路9号勾缝灰（委托方提供）

砂浆化学分析样品烘干后

化学分析结果显示，砌筑灰为纯的石灰砂浆，原始石灰（相当于消石灰）含量约24%，石灰与砂土的比例接近1∶3，骨粉为粒径小于0.5mm的细粉砂及泥。委托方提供的样品与我们从砖块表面取下的样品的化学分析结果几乎完全一致，也说明了此化学方法的可靠性。

而外墙装饰粗面粉刷为水泥粉刷，水泥含量在25%左右，测定的原始灰砂比为 1∶3.3，考虑到老化，原始比应为 1∶3，骨料中，主要成分为粉红色长石及灰白色石英，粒径大于0.25mm的中粗砂粒占85%以上，约3%的颗粒粒径大于4mm。

湖南路9号外檐灰（委托方提供）

表4 砂浆组分分析

样品编号	G/%	U/%	B1	B0	S1/%	S0/%
T-Ⅰ	30.45	24.47	2.28	3.09	1.38	4.52
T-Ⅱ	36.78	30.09	1.72	2.32	2.54	6.91
T-Ⅲ	29.44	23.59	2.40	3.24	3.18	10.78
T-Ⅳ	29.78	23.88	2.36	3.19	1.30	4.36

G：现有黏结剂含量　　　　　B0：原始灰砂比
U：原始黏结剂含量　　　　　S1：黏结剂中现有水硬性组分
B1：测定的灰砂比　　　　　　S0：黏结剂中原始水硬性组分

湖南路9号外檐窗1(委托方提供)

表5 砂浆骨料粒径分布统计

含量% 样品编号 粒径mm	T-Ⅰ	T-Ⅱ	T-Ⅲ	T-Ⅳ
＜0.063	21.33	80.01	7.33	19.01
0.063~0.125	32.69	17.70	2.31	32.86
0.125~0.25	33.59	1.49	5.52	36.50
0.25~0.5	10.84	0.37	17.15	10.68
0.5~1	1.08	0.12	24.14	0.53
1~2	0.30	0.12	21.13	0.35
2~4	0.17	0.19	19.37	0.06
＞4			3.04	

湖南路9号外檐窗2(委托方提供)

湖南路9号外檐窗样品

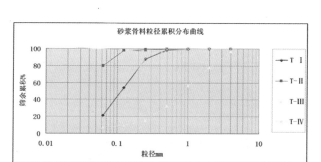

砂浆骨料累积曲线

外墙粗面粉刷中的粉红色骨料

湖南路9号外檐窗样品(细部,可见褐色漆残余)

3. 湖南路9号外檐窗

湖南路9号外檐窗框油漆表面为白色,中间局部为褐色(栗壳色),最底层为蓝绿色。蓝绿色下部未见有带色的底漆及任何其他颜色残余,如果此木材为原始木材的话,最原始的颜色应为蓝绿色。

脱除表面油漆后

（二）河北路 288 号

河北路288~308号为2层砖木结构楼房，带有半地下室，于1937年建造。为联排别墅式建筑，占地2114㎡，建筑面积为3827㎡。建筑采用"人"字形多坡大通瓦屋面。每两个院为一幢楼，形成对称式。两边为"人"字坡屋顶建筑，共五幢连成一体。外檐红砖清水墙，部分水泥饰面。外墙设有三道水泥腰线及一道加固圈梁，窗上为水泥窗眉。每个院的入口为灰色高基水泥台阶，用砖柱支撑上部封闭小阳台，形成入口雨厦，躺沟排水。背立面采用侧向入口，向内凹进，形成入口灰空间。楼内木楼梯，木地板，设备齐全，装修精致。

1. 河北路288号外檐砖

河北路288号的黏土砖两个样品的特点基本相似，其中一块有非常明显的风化，两块砖均在一面有"E、F"字母，另一侧有丝切痕迹。表面也可见模压产生的纹理，颜色为紫红色，局部表面有熔融，说明其成分中含长石等低熔点成分，烧制温度较高，为1100℃左右。

河北路后檐墙取砖（委托方提供）

河北路联排外檐正立面（委托方提供）

砖的正 / 侧面

河北路后檐墙（委托方提供）

发生明显风化的砖

砖表面的熔融

2. 河北路 288 号屋顶瓦

河北路288号屋顶瓦样品分成两类，形制相同但颜色、成分完全不同。一种颜色为砖红色，杂质较少，黏土含量较高。另一种含有粒径为2～3mm的白色及其他颜色颗粒，肉眼可见明显孔隙。根据后者表面有涂料，而前者没有，后者成分与湖南路8号砖类似等特点，含土少、颜色发紫的瓦年代可能比较老，与湖南路9号的砖可能来自同一窑厂。

3. 河北路 288 号窗

河北路288号木窗框材表面为绿白色，下部为褐色，未见其他颜色的底漆，如果此木材为原始木材，其原始颜色应为褐色。

河北路288号的紫色瓦与湖南路9号的砖在成分上类似，可能来自同一窑厂

河北路 288 号后檐窗（委托方提供）

河北路 288 号后檐窗脱除涂料后颜色

河北路 288 号瓦顶（委托方提供）

（三）庆王府三层外檐水刷石

庆王府的水刷石含黑云母、石英、长石等，粒径为1～2mm，其原始材料应为含黑云母很高的花岗石类材料。老化面黏结剂水泥呈土黄色，而新鲜面呈黄灰色，所以，黄色是风化的产物而非原始物。水刷石厚为5～8mm，未见底层，为一次施工完成，恢复的配方（质量比）为70%水泥（土水泥），30%花岗石石子，颗粒粒径为1～2mm。

两种瓦的断面

庆王府三层外檐水刷石（委托方提供）

主要成分为黑云母、石英、长石、颗粒粒径为 1～2mm

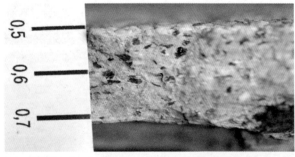

水刷石新鲜面与老化的黄色面层

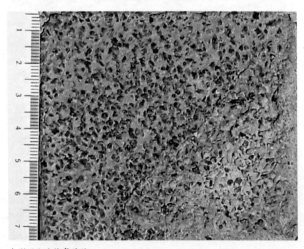

水刷石配比恢复试验

四、修缮方案建议

（一）清水砖（湖南路及河北路）

缺失部位重新砌筑时需要注意：新砖的颜色、形制、成分、烧制温度（1000℃）、强度等需与旧砖类似。建议修复缺损部位采用石灰砂浆，配比为石灰与砂土的比例接近 1：3，消石灰与砂土要充分搅拌均匀。缝宽与缝高需要与旧墙面一致。勾缝参照原有勾缝剂可采用石灰水泥混合砂浆，不建议采用纯水泥砂浆。泛碱部位可用排盐灰浆排出。上升毛细水需要根除。已有清水墙面的修缮可参照下面工艺。

①表面去涂料清洗：采用膏状去涂鸦剂，用低压水枪清洗，对于附着很好的旧涂料，在不影响最终效果的前提下，可以保留，作为历史记录，满足历史建筑的沧桑感和可读性。

②表面清缝：完整密实的砖缝保留；切除掉已经松散的旧的砖缝，清除时，需要不破坏砖，清除旧缝的同时还可以清除掉部分水溶盐。

③清理：低压水枪清除墙体表面所有灰尘。

④排除盐分：局部可见水溶盐的含量比较高，将排盐灰浆喷到清水墙表面，隔7～14天后除掉排盐灰浆，施工高度为泛碱部位。

⑤墙体增强：由于大多数的黏土砖的强度较高，没有必要采用增强剂增强，只有风化严重的部位才需要采用硅酸乙酯增强剂增强。

⑥表面修复用调配好颜色的砖粉对墙体受损部位进行修复。修复砖粉需质感粗糙。风化深度为≤2～5mm：一般不修补，保留风化的历史面貌。风化深度为5～20mm：一层修复。风化深度≥20mm：损坏严重的部位可以分两次修复或多次修复；每次间隔24h。也可以采用旧砖切割成20～30mm厚的薄片，采用石灰黏结剂粘贴到旧墙面上。

⑦勾底缝：采用和修复砖粉一致色的勾缝剂进行第一次勾缝。

⑧勾面缝：勾缝参照原有勾缝剂可采用混合石灰水泥砂浆，不建议采用纯水泥砂浆。

⑨墙体憎水：由下而上浇淋憎水剂，要仔细浇淋2～3

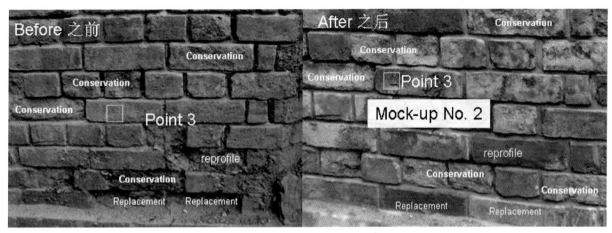

破损砖面的修复方法

遍，不可以有遗漏部位。由于现有砖已经风化，修复后墙面会出现吸水率不一致的问题，局部可能出现渗漏，因此建议整体表面进行耐紫外线的有机硅憎水处理，要求不成膜，好的黏土砖渗透深度要大于3mm，风化的砖渗透深度要大于5mm，以增加抗水抗冻融性能。

⑩拼色：对修复后颜色局部不协调的位置进行拼色造旧处理，使用天然植物油及氧化铁颜料，达到协调的效果。

（二）庆王府水刷石

开裂起壳的水刷石可方块状切割后，清理掉酥松的砖面，用天然水硬性石灰黏结剂或者水泥石灰浆重新粘贴。因纯水泥强度太高，且含较多有害盐，禁用纯水泥浆。

缺失的部位修补时也先抹一层石灰水泥清浆，再做水刷石面层。水刷石配比：土水泥（可通过加白水泥、加灰水泥、加消石灰、加铁黄粉配制）70%（质量比）加花岗石石粉（粒径为1～2mm）30%（质量比）。

（三）实木窗

建议采用脱漆剂脱掉现在油漆，露白，刷一道防水、防腐底漆或木油，干透后再刷两道油性面漆，颜色需根据确定的最早的颜色为依据。考察现场施工条件，为确保工程质量，建议采用无重金属、无苯的油性漆。但是，其耐候性需满足实木窗型材防变形、防水、防紫外线的需求。

同济大学建筑与城市规划学院

同济大学历史建筑保护技术实验室

四平路1239号 文远楼

021-39872500， 021-39872300

021-65982265

E-mail: ds_build@163.com

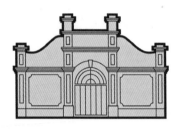

附 录 四

庆王府空调专家会方案意见

会议内容：庆王府主楼空调方案

会议地点：庆王府现场会议室

会议时间：2010年6月17日

与会人员：

天津市建筑设计院——伍小亭（专家）

天津市制冷协会专家库成员——陈东来（专家）

天津大学建筑设计院——张威

天津市方兴工程建设监理有限公司——张俊杰

空调设备施工单位——王新华

天津市历史风貌建筑整理有限责任公司——李巍、段君礼、周立彪

庆王府是天津市市级文物保护单位和特殊保护级别的历史风貌建筑，整修后应在保证建筑原有风貌的前提下，满足现代活动需要的冷热舒适环境，庆王府原有供暖系统保存较为完好，建议继续使用，制冷系统综合比较后选择VRV多联机，具体方案设计意见如下。

一层大厅采用地板旋流风口送风，旋流风口优先选择置于原有暖气槽底部（暖气槽需做处理），或在大厅立柱周围设置多个旋流风口，风口尺寸不宜过大；回风口置于大厅周围的某个或某几个暖气槽底部；设备及风管置于大厅内廊下方地下室，沿四周吊装。

一层房间采用地板旋流风口送风，风口位置可沿房间靠近外墙一侧，每隔一定间距布置一个旋流风口；回风口优先置于外墙暖气槽底部，其次可置于房间地面的某个角落；设备及风管均在地下室吊装。

二层和三层部分由龙骨改为混凝土屋面的房间，利用现有吊顶及改后节省的空间布置室内机和管道，风口全部采用线形散流器，配合顶棚装饰进行布置。

二层和三层其余顶棚仍保持龙骨的房间，采用截断龙骨，在龙骨内布置室内机的方案，为减少噪声及震动，优先选择参数较小的机型。

室外机位置仍按原方案，置于三层中间房间屋顶上。

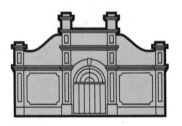

附　录　五

传统工艺与现代技术在庆王府整修工程中的集成应用

天津市历史风貌建筑整理有限责任公司 冯军 李巍

【摘要】文章通过市重点工程庆王府整修过程中传统工艺与现代技术的应用实例，阐述了恢复和保持建筑原貌、提升建筑使用功能需要技术的集成应用，要做到新旧技术的有机结合。

【关键词】整修 传统工艺 现代技术 集成应用

一、项目概况

庆王府位于天津市重庆道（原英租界剑桥道，Cambridge Road）55号，地处天津市历史风貌建筑最集中的五大道历史文化街区中，为天津市文物保护单位和特殊保护等级的历史风貌建筑，2010年5月建筑腾空，腾迁前为天津市人民政府外事办公室办公用房。

该建筑地上2层（局部3层）、地下1层，为砖木结构，占地4327m²，建筑面积约为5922m²，水刷石外檐，楼房四周设有西洋列柱式回廊，富有欧洲品味，大楼平面为长方形，中央为方形大厅，一、二层大厅周围有列柱式回廊，四周为居室，三层八间房是供奉祖先的影堂，院内大花园有假山、石桥、亭子，景致幽雅宜人，大楼东面的小花园，有一座中国传统式的六角凉亭。

二、整修原则

文物工作贯彻保护为主、抢救第一、合理利用、加强管理的方针。

文物本体的修缮工程必须严格遵守"不改变文物原状"的原则，全面地保护和延续文物的真实历史信息和价值。

遵循国际、国内公认的保护准则，按照真实性、完整性、可逆性、可识别性和最小干预性等原则，保护文物本体和与之相关的历史、人文和自然环境。

历史风貌建筑的保护工作，应当遵循"保护优先、合理利用、修旧如故、安全适用、有机更新"。

特殊保护等级的历史风貌建筑，不得改变建筑的外部造型、饰面材料和色彩，不得改变内部的主体结构、平面布局和重要装饰。

修缮历史风貌建筑应当符合有关技术规范、质量标准和保护图则的要求，修旧如故。

三、整修目标

按照文物和历史风貌双重身份的要求，以修建具有国际水准的精品工程为目标。对承重结构进行全面加固，确保建筑安全；对建筑内外檐装饰进行全面修复，恢复庆王府始建时讲究奢华、流光溢彩的原貌；对配套机电设备设施进行全面维修，完善使用功能，满足现代使用需求。发挥其得天独厚的展示功能，为天津市五大道经济、文化的全面复兴提供空间保障。

四、技术集成应用

庆王府已有近90年的房龄，因建造年代久远，使用荷载远远超出了其原有的设计要求，且历经了地震、冻融等自然灾害，其结构安全、使用功能及内外檐装修、屋顶均受到不同程度的损坏，涉及建筑、结构、装修、使用功能等各方面。根据这个特点，风貌整理公司召开了多次专家论证会反复论证，最终确定采用传统工艺与现代技术相结合的集成整修方案，两类工艺方法分别适合不同的部位，工作内容又互为补充。工程实践证明，这种集成技术的应用是本工程整修成功的关键，是本项目实施的技术创新点。

1. 传统工艺典型示例

（1）外檐水刷石复原技术

庆王府的水刷石外檐是建筑的一大特点，为了最大程度恢复建筑外檐的原真性，风貌整理公司与上海同济大学历史建筑保护技术实验室对外檐水刷石材质进行了物理检测和化学分析，取得了严格的材料配比，并在全国范围内找寻符合颜色和粒径的小石子，三层载振进住后增加的影堂外檐得以恢复，缺损脱落的外檐水刷石得以修补，整体外檐统一起来，唯一的问题是一、二层外檐和三层外檐颜色的不一致，新修补的外檐色泽均匀，新鲜明亮，但原来的外檐水刷石久经岁月的痕迹，一新一旧，对比强烈，还未形成协调一致。

（2）木屋架结构体系保留和加固技术

中庭原有木屋架结构体系较完整，部分木檩糟朽、落水管脱落、躺沟破损，多处漏雨。风貌整理公司首先拆除原始屋面刨花板吊顶，对土板及木檩进行全面检查，对糟朽部件进行更换，采用碳纤维技术加固，原式样恢复了铁质屋面、躺沟、落水管及风檐板。

（3）室内木作脱漆、老地板打磨重现历史原物

原始木作装饰（护墙板、暖气罩、挂镜线、楼梯、木门窗等）整体污染及破损较大，而且多改为混油，同济大学的材料试验报告显示原有门窗为清油做法，所以整修时首先进行脱漆、然后进行木作修补；针对保存完好的老地板，精心地进行了最小程度的打磨和清理。

（4）纯手工作业挖掘历史遗迹

整修中意外发现建筑始建时期墙面及楼梯顶面留有彩绘图案，现场工人细致小心地剔、擦和清洗，纯靠手工作业慢慢地挖掘出这些历史遗迹，使得这些精美的艺术品重见天日。

（5）老木楼梯支顶加固

老木楼梯年久失修，局部有沉降，沉降量达到3cm，采用传统的支顶办法，备楔子进行加固，踏步采用传统的地毯铜条安装方法。

（6）原消防设施的终端保护

在中庭二层回廊的墙壁上，发现了一个原始的消防水龙头，和墙面一样被刷涂上了白色的涂料，风貌整理公司将它清洗出来，露出了铜质的本体。

2. 新技术创新典型示例

（1）外檐清洗技术

外檐水刷石配比一致，形成了统一，但新补外檐与原有外檐颜色差异太大，三层与一、二层形成强烈对比，修补的星星点点好像麻子一样丑陋，而且檐口处雨水侵蚀严重，四角雨水斗下方外檐均为黑色，西洋列柱还存在阴阳面的问题。通过对多家外檐清洗技术的试验，风貌整理公司选用了去油剂清洗、石材清洗剂稀释清洗、砂岩清洗注射法几

种不同的方法针对不同的问题进行处理，圆满地实现了外檐的统一协调，并略带沧桑，很自然。

（2）SCM灌浆料抢救屋顶结构柱技术与保留原样式自制双面中空玻璃高脚窗技术

保留了原有木屋架，但支撑屋架的12根结构小柱严重破损，截面受力不够，加之庆王府整修时赶上汛期，情形相当危急，采用了SCM灌浆料套盒技术进行了抢救式加固，争取了时间，保证了安全。

中庭上方高脚窗原为单层木窗，糟朽严重，而且保温、隔热等性能均不佳，在此次整修中，风貌整理公司改良创新式地按照原有木窗式样，将其中空玻璃木质窗并使用外檐专用木蜡油，提高了建筑维护性能，促进了节能指数，效果显著。

（3）进口OSMO（德国）木蜡油高端产品的应用

通过精心的打磨保留了原有的老木地板，表层的防护采用了进口高端新产品。OSMO木蜡油以天然植物油和蜡为基料，涂刷后保持木材表面细微毛孔敞开，使木材可以呼吸透气。同时减少了木材膨胀或收缩。不龟裂，不剥落，不起翘。表面防水耐脏，无须或只需少许维护。表面可抵御葡萄酒、啤酒、可乐、咖啡、茶、果汁、牛奶和水等各种污渍。

（4）丝网印刷技术移植始建图案至中庭屋面技术

对于无法恢复的彩绘元素，运用现代的移植手段采取"丝网印刷"技术至顶棚作为装饰体现。

（5）可逆性无障碍设施的增加

原有老木楼梯较为陡峭，为了方便残疾人和老人、儿童，按照可逆性的原则，采用OTIS无机房技术在主楼西侧增设无障碍电梯。

（6）消防系统的增加

老建筑整修，消防是一大难题，无论消防分区还是消防等级等均存在许多与现行规范不符的现象，天津市历史风貌建筑保护委员会特设消防分组，在专家和国家消防研究中心的帮助下，风貌整理公司采用现代技术增设了消火栓系统和烟感报警系统，大大提高了建筑的消防安全级别。

五、结束语

在本工程整修技术集成应用中，根据现场遗留的历史痕迹和其他历史资料确定该建筑的原貌，包括它的整体特征和细部装饰特征。在修复中严格按原建筑的营造法式和艺术风格、构造特点，用原材料、原工艺进行修复，残缺损坏的部位和构件尽量用原材料复制添配齐全，保持"原汁原味"。传统工艺是恢复建筑历史原貌的主导技术，确保了建筑的"修旧如故"。同时也必须适当选择现代技术，有利于保持建筑原貌，有利于提升建筑的使用功能，确保以人为本的舒适性要求。整修技术集成要做到新旧技术的有机结合。

参考文献：

[1] 候建设. 上海近代历史建筑保护修复技术【J】. 时代建筑, 2006（2）：58-61.

[2] 何经平. 关于古建筑修缮原则的理解与把握【D】. 福建：福建省文物局.

[3] 宋铁峰. 浅议旧建筑改造的价值【J】. 林业科技情报, 2006, 38（04）：84-85.

[4] 王玉伟. 浅析古建筑保护措施的合理性【OL】. http://www.bjww.gov.cn/2005/8-22/113315.htm.

（联系人：李巍 13612083694）

作者简介：冯军，男，1974年出生，天津市历史风貌建筑整理有限责任公司董事长，本着"使命、激情、变革、奉献"的企业理念，带领全体员工从事天津市历史风貌建筑保护工作，取得卓越成绩。

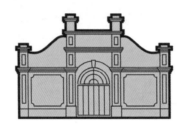

附 录 六

庆王府修缮工程消防设计问题及解决方案

国家消防工程技术研究中心

一、建筑概况

庆王府位于和平区重庆道55号，为特殊保护等级历史风貌建筑，1922年由清朝太监小德张所建，楼房及附属平房共94间。

主体建筑为砖木结构，地上2层（局部3层），地下1层，建筑高度为13.2m，二、三层均设通敞柱廊，室内设有共享大厅。建筑平面为矩形，南北向，楼北正中门厅为主入口。建筑中间是中空到顶、面积为350m²的长方形大厅，大罩棚式厅顶。

二、三层房间沿大厅周围环绕设置。东、西、南、北四面开间，二层除大厅、客厅外，多为住房。三层属附属房间，大厅四周设有列柱式回廊。

局部四层的八间房，专作祭祀和供奉先祖的影堂。

二、消防问题及解决方案

该主体建筑为砖木结构，设有两部木楼梯，其耐火等级为四级，存在的消防问题如下。

1.消防问题

（1）防火间距

现行国家标准《建筑设计防火规范》（GB 50016—2006）第5.2.1条的规定，四级耐火等级之间间距为12m。主体建筑西南角与附属建筑的间距最小为1.2m。

（2）建筑层数

现行国家标准《建筑设计防火规范》（GB 50016—2006）第5.1.7条规定，四级耐火等级的建筑其最多允许层数为2层。庆王府主体建筑为3层，局部4层，建筑层数超过规范规定。

（3）防火分区

现行国家标准《建筑设计防火规范》（GB 50016—2006）第5.1.7条规定，四级耐火等级的建筑其防火分区最大允许建筑面积为600m²。庆王府主体建筑二层、三层通过共享大厅相连通，作为一个防火分区，面积为

1800m²，超出规范规定。

2.解决方案

（1）防火间距

相邻建筑的外墙均采用实体砖墙，具有较好的防止火灾相互蔓延的条件。

（2）防火分隔

一层为厨房，一、二层之间只有食梯和西南侧的疏散楼梯竖向相连通，在该连通部位采取防火分隔措施，降低一层发生火灾事故时对二层的影响。根据现行国家标准《建筑设计防火规范》（GB 50016—2006）第7.2.3条第5款的规定，厨房应采用2.00h的隔墙和乙级防火门与其他部位进行防火分隔，建议将动火部位设置在建筑主体外，当其与主体相邻部位有通透性要求时可采用防火玻璃分隔。

木楼板底部除二层三个有风貌保护要求的房间外，其他房间在有条件的情况下，采用耐火极限不低于1.00h的防火板进行保护，以提高楼板的耐火性能。

（3）安全疏散

①一层主体建筑一层设有直通室外地面的出口，具有较好的安全疏散条件。

②二、三层设有室外环廊，且二层具有直通室外的疏散条件，有利于人员安全疏散，共享大厅周边的房间可向室外环廊疏散。三层设有室外平台，可作为人员疏散避难区域。虽然防火分区面积超过规范规定，但其人员安全疏散并未因防火分区面积的增大而受到影响。

③四层建筑面积为300m²，设有室外通廊和1部疏散楼梯，且设有两个直通上人屋面的出口，可以满足人员安全疏散的要求。

（4）消防设施

该建筑未设置自动喷水灭火系统，设有火灾自动报警系统和消火栓系统及建筑灭火器。消火栓系统采用市政供水，建议消火栓箱内设置消防软管卷盘。

国家消防工程技术研究中心

2010年7月23日

参考文献

Reference

[1] Kneofel，D. & Schubert，P.: Handbuch Moertel und Steinergaenzungsstoffe in der Denkmalplege（文物建筑砂浆与砖石修复材料手册），Verlag Ernst & Sohn Berlin，1993.

[2] Scholz，Wilhelm & Knoblauch，H.: Baustoffkenntnis（建筑材料手册 12).Auflage，Wener-Verlag，1991.

[3] Reul，Holst: Handbuch Bautenschutz und Bausanierung（建筑保护与建筑修缮手册 5).Auflage，Rudolf Mueller，2007.

[4] "国际既有建筑维护与文物建筑保护科技工作者协会"技术规程 WTA Merkblatt4-5-99/D Beurteilung von Mauerwerk-Mauerwerksdiagnostik 墙体检测与评估技术规范.

[5] 天津市人民政府.天津历史风貌建筑 [M].天津：天津大学出版社，2010.

[6] 天津市档案馆，天津市和平区档案馆.天津五大道名人轶事 [M].天津：天津人民出版社，2008.

[7] 李巍.四新技术在历史风貌建筑整修中的应用 [J].天津建设科技,2008（4）：18-19，25.

[8] 张鹏.VRV 空调系统在历史风貌建筑中的应用 [J].天津建设科技，2011（5）：22-23.

[9] 王君.历史风貌建筑——庆王府外檐水刷石墙面清洗技术 [J].天津建设科技,2011（6）：23-24.

[10] 段君礼.庆王府整修工程园林景观施工实践 [J].现代园艺,2011（21）：70.

[11] 冯军，李巍.传统工艺与现代技术在庆王府整修工程中的应用 [J].天津建设科技,2012（1）：21-22.

[12] 吴猛，王君.天津五大道历史风貌建筑适用结构修复技术的研究与应用 [J].中国房地产，2012（18）：66-80.

[13] 天津市国土资源和房屋管理局.天津市房屋修缮工程施工质量验收标准 [M].天津：天津市建设管理委员会，2005.